Kaggle

カグル

データ分析入門

Pythonで動かして学ぶ！
バイソン

篠田 裕之＿著

JN082224

▌本書内容に関するお問い合わせについて ▌

このたびは翔泳社の書籍をお買い上げいただき、誠にありがとうございます。

弊社では、読者の皆様からのお問い合わせに適切に対応させていただくため、以下のガイドラインへのご協力をお願いいたしております。

下記項目をお読みいただき、手順に従ってお問い合わせください。

ご質問される前に

弊社Webサイトの「正誤表」をご参照ください。これまでに判明した正誤や追加情報を掲載しています。

正誤表　https://www.shoeisha.co.jp/book/errata/

ご質問方法

弊社Webサイトの「刊行物Q&A」をご利用ください。

刊行物Q&A　https://www.shoeisha.co.jp/book/qa/

インターネットをご利用でない場合は、FAXまたは郵便にて、下記翔泳社愛読者サービスセンターまでお問い合わせください。電話でのご質問は、お受けしておりません。

回答について

回答は、ご質問いただいた手段によってご返事申し上げます。ご質問の内容によっては、回答に数日ないしはそれ以上の期間を要する場合があります。

ご質問に際してのご注意

回本書の対象を越えるもの、記述箇所を特定されないもの、また読者固有の環境に起因するご質問等にはお答えできませんので、あらかじめご了承ください。

郵便物送付先およびFAX番号

送付先住所　〒160-0006　東京都新宿区舟町5
FAX番号　　03-5362-3818
宛先　　　　㈱翔泳社 愛読者サービスセンター

はじめに

　本書を手にとっていただいた方はデータ分析に関心がある方が大半かと思います。さらに本書はデータ分析初学者を対象としたタイトルにしておりますので、「これからデータ分析をはじめてみたい」という方が多いかと思います。

　近年、AIや機械学習、ビッグデータなどを活用した事例やニュースが溢れております。これからデータ分析を学ぼうという方にとって、「果たしてこれから学習して本当に自分にそういったことができるようになるのだろうか」と思うかもしれません。

　私は現在データ分析の仕事に携わっていますが、大学院の専攻はコンピュータサイエンスで、プログラミングの知識はあったものの実はデータ分析は社会人になってから学んだことが多くあります。

　本文で触れますが、近年は誰でもデータ分析を学びやすい環境が整っています。だからといって、データ分析はすぐに習得できると言うつもりはありません。データサイエンスの領域の進歩はとても速く、私自身、まだまだ学習し続けなければならないという意識が強いです。しかし基本となる所作や考え方はある程度変わっていないため、これからデータ分析を学ぶ方にとっても比較的身につけやすいと思います。

　そしてデータ分析の基礎知識を得ると、データ活用事例などに触れた際に、漠然と「すごい事例だ」と思うのではなく、「何がこれまでの技術でもできて、何が革新的なのか」といったことがある程度具体的にわかるようになると思います。そして、自分がまだわからない、学習できていない点が明確になり、今後データ分析の学習を進める際にも指針を立てやすくなります。

　本書は、実際のデータやコードを用いてデータ分析の手順を解説しております。これからデータ分析を学ぶ方にとって、少しでもデータ分析を身近に感じていただき、「自分でやってみよう」と思っていただけましたら幸いです。

2020年9月吉日

篠田 裕之

INTRODUCTION 本書の対象読者と必要な前提知識

　本書はこれからデータ分析をはじめたいと思っている方や、Kaggleに興味のあるデータ分析の初心者に向けて、Pythonの実際のコードとともに丁寧に解説した書籍です。

　データ分析で必要な一般的な知識とともに、Kaggleへチャレンジするフローや、Kaggleの初心者向けコンペへの取り組み方を紹介します。データ分析や機械学習の一端に触れ、実際に課題を解決するプロセスを体験できます。

- データサイエンティストを目指す学生
- データ分析に興味はあるが、あまり経験や知見がないデータ分析の初学者の方

必要な前提知識として、Pythonの基礎知識を想定しています。

- Pythonの基礎知識（基本的な文法や構文など）

CHARACTERISTIC 本書の主な特徴

　Kaggleの初心者向けチュートリアル「Titanicコンペ」「House Pricesコンペ」について、分析の準備から結果の考察、そして精度を上げるプロセスをステップバイステップでコードとともに、わかりやすく解説しています。

・Titanicコンペの特徴

　乗客ごとに性別や年齢、乗船チケットクラスなどのデータが、生存したか死亡したかのフラグとともに与えられています。

　生死に影響する属性の傾向をデータから分析して、生死がわからない（予測用に隠されている）乗客について、生死結果を予測することが目的です。

・House Pricesコンペの特徴

　住宅ごとの築年数、設備、広さ、エリア、ガレージに入る車の数など、79種類のデータおよび、物件価格を含みます。

　1460戸の住宅データから物件価格を予測するモデルを作成し、価格がわからない1459戸の物件の価格を予測します。

About
the SAMPLE

本書のサンプルの動作環境と
サンプルプログラムについて

　本書はWindows/macOSの環境をもとに解説しています。Pythonとライブラリのインストールは WindowsのAnaconda Individual Edition (Anaconda3-2020.02) の仮想環境を利用した方法、macOSのローカルの環境を利用した方法、そしてKaggle上の環境を利用した方法を紹介しています。本書のサンプルは**表1**から**表3**の環境で、問題なく動作していることを確認しています。

表1：Anaconda Individual Edition (Anaconda3-2020.02) の仮想環境 (Windows)

開発環境	
Anaconda Individual Edition	Anaconda3-2020.02
パイソン	
Python	3.7.7
ライブラリ	
graphviz	0.14.1
Jupyetr	1.0.0
lightgbm	2.3.1
Matplotlib	3.2.2
NumPy	1.19.0
optuna	2.0.0
pandas	1.0.5
pydotplus	2.0.2
seaborn	0.10.1
scikit-learn	0.23.2
six	1.15.0
xgboost	1.1.1

表2：macOSのローカルの環境

開発環境	
pyenv	1.2.15
パイソン	
Python	3.7.6
ライブラリ	
graphviz	0.14
Jupyetr	1.0.0
lightgbm	2.3.1
Matplotlib	3.1.2
NumPy	1.18.0
optuna	1.0.0
pandas	0.25.3
pydotplus	2.0.2
seaborn	0.9.0
scikit-learn	0.22
six	1.13.0
xgboost	0.90

表3：Kaggleの環境

開発環境	
Kaggle（Web）	2020年9月時点
パイソン	
Python	3.7.6
ライブラリ	
graphviz	0.8.4
Jupyetr	1.0.0
lightgbm	2.3.1
Matplotlib	3.2.1
NumPy	1.18.5

（表3　続き）

開発環境	
optuna	2.0.0
pandas	1.1.0
pydotplus	2.0.2（個別インストール）
seaborn	0.10.0
scikit-learn	0.23.2
six	1.14.0
xgboost	1.1.1

付属データのご案内

　付属データ（本書記載のサンプルコード）は、以下のサイトからダウンロードできます。

付属データのダウンロードサイト

URL https://www.shoeisha.co.jp/book/download/9784798165233

注意

　付属データに関する権利は著者および株式会社翔泳社が所有しています。許可なく配布したり、Webサイトに転載したりすることはできません。

　付属データの提供は予告なく終了することがあります。あらかじめご了承ください。

会員特典データのご案内

　会員特典データは、以下のサイトからダウンロードして入手いただけます。

会員特典データのダウンロードサイト

URL https://www.shoeisha.co.jp/book/present/9784798165233

注意

　会員特典データをダウンロードするには、SHOEISHA iD（翔泳社が運営する無料の会員制度）への会員登録が必要です。詳しくは、Webサイトをご覧ください。

免責事項

　付属データおよび会員特典データの記載内容は、2020年9月現在の法令等に基づいています。

　付属データおよび会員特典データに記載されたURL等は予告なく変更される場合があります。

　付属データおよび会員特典データの提供にあたっては正確な記述につとめましたが、著者や出版社などのいずれも、その内容に対して何らかの保証をするものではなく、内容やサンプルに基づくいかなる運用結果に関してもいっさいの責任を負いません。

　付属データおよび会員特典データに記載されている会社名、製品名はそれぞれ各社の商標および登録商標です。

著作権等について

2020年9月

株式会社翔泳社　編集部

CONTENTS

PROLOGUE Kaggleで実践的なスキルを体験しよう! 001

CHAPTER 1 Kaggleとは 009

CHAPTER 2 データ分析の手順、データ分析環境の構築 023

CHAPTER 3　Kaggle コンペにチャレンジ①：Titanic コンペ　063

APPENDIX　Kaggle Days Tokyo 2019 レポート　319

Kaggleで
実践的なスキルを体験しよう!

Kaggleを通してデータ分析の世界を体験する
意義について解説します。

0.1 Kaggle の世界に飛び込んでみよう！

データ／データ分析から見えてくること

既読スルーの原因

突然ですが、読者のみなさんは**既読スルー**されたことはありますか。筆者はあります。コミュニケーションツールで相手に連絡し既読になったものの、返信がこない、これを通称「既読スルー」と言います。

果たして何が問題だったのでしょうか。これまでの自分のやりとりを振り返ってみることにします。

そもそも相手に嫌われていたのでしょうか。送り相手ごとに既読スルー率を集計してみると、人によって差があることがわかりました。ただし、どうも同じ相手でも場合によって既読スルー率が異なるようです。別の要因もありそうです。タイミングが悪かったのでしょうか。それとも話題でしょうか。時間帯ごとに集計すると、夜間は既読スルー率が高いものの深夜帯になるとむしろ返信率が高いようです。また、特定の相手への飲みのお誘いは既読スルーされづらいようです。しかし深夜帯はそもそも送った数自体が少なく特定の仲のよい人としかやりとりしていないため、返信率を過度に高く見積もっている可能性があります。加えて、特定の相手とは、やりとりの数自体が少なくあまり参考にならないことに気づきました。他にも、リンクや画像送付と文字の違い、文字数、絵文字、スタンプの使用回数など、様々な理由がありそうです。要素が複雑に絡んでくると単純な集計では、明確な理由や返信率が高いルールがわかりそうにありません。

そこで**機械学習**の出番です。機械学習で筆者のチャットデータを解析すると「木曜日に佐々木くんに22時に飲みのお誘いをすると90%既読スルーされない」といったようなことがわかります。

上記の話は一般論ではなく、あくまで筆者個人の例です。以前、筆者の個人サイトに掲載した「LINEの既読スルーにランダムフォレストで立ち向かう。」（ URL https://www.mirandora.com/?p=1145 ）という記事の内容がもとになっています。

データ／データ分析って何？

　さて、読者のみなさんは**データ／データ分析**と聞いてどのようなことを思い浮かべますか。

　現在私たちは生活する中で、日々のウェブ閲覧、検索、商品の購買、そして冒頭の既読スルーの例のようなコミュニケーション履歴など、様々なデータを生成しています。また天気情報、交通情報、エネルギー消費など多種多様な環境データが各種センサで計測されています。また近年特にコンピュータ、センサの発展により、データ化コストおよびデータの蓄積コストは年々安価になっております。読者のみなさんがどのような分野で活躍されているとしても、業務に深く影響する様々なことがデータとして蓄積されていく、あるいはすでに蓄積されている状態になっているのではないでしょうか。もしそうであれば、データを活用することでさらにその業務の可能性や面白さは増すかもしれません。

　一方、すでに業務でデータを扱っている方もいらっしゃると思います。「単純な集計ならやっている」。確かにそれで十分なことも多くあります。しかし冒頭の例のように、単純な集計では見落としてしまう事実や複雑なルールがあるかもしれません。場合によっては「深夜のチャットは返信率が高い」といった誤った結果を示してしまうこともあります。様々なデータ分析を知り、状況に応じて適切な手法を選択することが、正確にデータを把握し精度の高い予測をすることにつながります。

　「データですべてがわかるわけではない」。その通りです。冒頭の例で言うと、既読スルーの要因はデータには表れていないチャット以前の相手との関係や筆者の人間性に問題があるかもしれません。だからこそ、データ分析では**扱っているデータの範囲を意識すること**が重要です。データの範囲とは、データの取得手段、取得期間、取得状況、取得対象などのことを意味し、「データ分析からどのようなことは導き出せて、どのようなことは範囲外か」ということです。つまりデータ分析は**目的、およびその目的の達成度を図る指標・評価**が重要です。そして目的や指標が明確であれば、データ分析は大きな力を発揮します。

　では、そのようなデータ分析のスキルを習得するにはどのようにしたらよいでしょうか。学生で研究で扱うデータが限られている方や、社会人でも自らが分析業務をしておらず、社内外のデータサイエンティストを活用してい

る方にとっては、手元にデータがなかったり機械学習などを用いたデータ分析をする機会がなく、「昔、データ分析に関する書籍を読んで勉強したものの忘れてしまった」「途中で挫折してしまった」「正しく分析できているか確かめる手段がない」ということがあるかと思います。

　そこで本書はこれからデータ分析を学ぼうと思っている方々に対し、Kaggle（カグル）（図0.1）を通して、実践的なスキルを紹介します。

図0.1：Kaggle
`URL` https://www.kaggle.com/

Kaggleは世界で利用されている
データ分析コンペプラットフォーム

　Kaggleは世界中のデータサイエンティストが、様々な課題について予測精度などを競い合う、データ分析を行うコンペティション（以下コンペ）のプラットフォームです。

　2010年に米国でスタートし、2017年にはGoogleが買収しAlphabet傘下となりました。本書執筆時点で（2020年5月時点）、登録者数ベースで10万人以上のデータサイエンティストが参加しており、10以上のアクティブなコンペが開催されています。

　Kaggleでは、売上予測や貸し倒れリスクの予測など、現実問題に近い様々な課題が実際の企業から出題されます（図0.2）。日本企業では過去、リ

クルートやメルカリがKaggleコンペ（図0.3）を開催しました。もちろん企業以外の主催もあります。

図0.2：Kaggleのコンペの一覧（上）とKaggleのコンペの例（下）

URL：上 https://www.kaggle.com/competitions

URL：下 https://www.kaggle.com/c/deepfake-detection-challenge

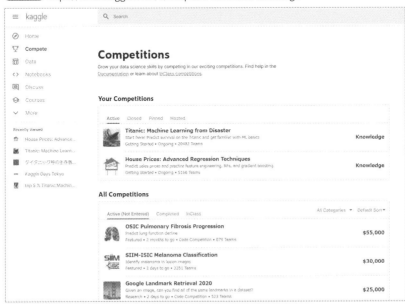

図0.3：メルカリのKaggleコンペ
URL https://www.kaggle.com/c/mercari-price-suggestion-challenge

　実際のデータ・課題に対して、様々なデータサイエンティストがオンライン上で意見をかわしながらその結果が即時に採点され競い合うことができ（図0.4）、自身のデータ分析力を測り高めるための理想的な環境があります。本書ではKaggleの初心者向けチュートリアルコンペを通してデータ分析の手法や視点を具体的なPythonコードとともに解説していきます。

図0.4：KaggleのDiscussion

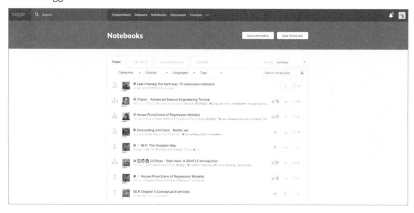

本書の活用の仕方

　本書はデータ分析初学者の方がKaggleで上位を目指していくことはもちろん、今後、実際の仕事に使えるデータ分析スキルを習得することを目指します。

　本書の執筆に際して、社内外のKaggle Master（Kaggleでの上位成績者）を含む様々なデータサイエンティストの方々に助言をいただきました。特に第5章や付録ではKaggle Masterの方にKaggleメダル獲得のための具体的なTipsなどについてお話していただいた内容を載せています。

　また、各章ではKaggleの初心者向けチュートリアルコンペを取り上げつつ、各コンペで精度の高いモデルの構築を目指すとともに、同じデータを用いて別の観点からデータを深掘りしていき、ビジネスの現場でよく使う手法や分析視点をまとめております。

　プログラミング・データ分析や機械学習が、1人でも多くの読者の方にとって手に馴染む道具として身につき、Kaggleに夢中になる日々を過ごしつつ、実際の業務を変革していただければ、筆者としては大変嬉しい限りです。そして、もしKaggleで優秀な成績を納めKaggle Masterになった際は（あるいはすでに上位Kagglerであれば）、筆者にKaggleのコツをこっそり教えてください。

　それでは、一緒にKaggleの世界をのぞいてみましょう。

CHAPTER 1

Kaggle とは

本章では、世界的なデータ分析コンペプラットフォームである、
Kaggle について解説します。

1.1 世界中のデータサイエンティストが競い合うプラットフォーム

　プロローグでも触れましたが、Kaggle は2010年4月に米国において、Anthony Goldbloom、Ben Hamner両氏によりスタートしたデータ分析コンペのプラットフォームです。2017年に Google に買収され、Google 擁する Alphabet 傘下となりました。これまでに世界中のデータサイエンティスト10万人以上が参加しており、コンスタントに10前後のコンペが開催されています。

　Kaggle は、「Making Data Science a Sport」を掲げており、まさにデータ分析スキルをスポーツのように競い合うことができることが特徴の1つです。各コンペでは、解くべき課題と評価指標、実際のデータが与えられます。参加者は与えられたデータをもとに期日内に様々な分析を行い、精度の高い予測などを行うことを目指します。自分が分析した結果はKaggleに投稿するとオンラインで数分ほどで採点され（コンペにより採点にかかる時間は異なります）、評価指標に基づいて参加者間で順位付けされます。

　1日の投稿上限回数はコンペごとに決まっているため、特にコンペ終盤ではどのモデルの結果を採点するかも1つの戦略となります。最終的に期日内に上位に入りメダルや賞金を獲得することを目指します。通常、3カ月ほどのコンペ期間が用意されており、コンペの参加人数や順位は日々変動します。一度メダル圏内の順位に入っても、スコアを改善し続けなければ他の人のスコアに抜かされていきメダル獲得は遠のいていきます。日々、自身の分析精度（ひいてはデータサイエンス力）を向上させていくのはもちろん、「自分は他人の改善（成長）スピードを上回ることができるか」という点にKaggleのスポーツ性を感じることができます。

　一方で、Kaggle ではお互いを高め合うコミュニティ的な側面もあります。お互いのコンペでの気づきを投稿し合う「Discussion」機能、自分の一連の手順を実際のプログラムとして共有する「Notebook」機能があり、さらにそれらにコメントおよび「Vote（投票）」ができます。自分のデータサイエンス力の現状を確かめるだけではなく、他の人の最新ナレッジ・スキルを学べることも魅力の1つです。

　Kaggle では様々な企業が多様なコンペを出題しています。これまで日本

企業も、リクルートやメルカリがKaggleでコンペを開催しました。データ分析本でよく紹介されるタイタニック号の生存予測や、アヤメの分類などのベンチマークデータではなく、実社会に関連する具体的な課題に対して、販売予測、地震の予兆、画像中の文字認識などを行うことは非常によい訓練になります（本書で紹介するチュートリアルコンペではTitanicなどのベンチマークデータのものもあります）。コンペによっては、与えられるデータ自体があまり綺麗ではなく、上位入選の鍵がデータクレンジング（異常値を除去したり、欠損値を補完したりすること）であることも多いです（実務で綺麗なデータが与えられることはほぼないでしょう）（図1.1、図1.2）。

図1.1：欠損値の多いデータの例。「Cabin」の列に「NaN」（欠損）が多く含まれる（第3章で紹介するTitanicのデータより）

	PassengerId	Survived	Pclass	Name	Sex	Age	SibSp	Parch	Ticket	Fare	Cabin	Embarked
0	1	0	3	Braund, Mr. Owen Harris	male	22.0	1	0	A/5 21171	7.2500	NaN	S
1	2	1	1	Cumings, Mrs. John Bradley (Florence Briggs Th...	female	38.0	1	0	PC 17599	71.2833	C85	C
2	3	1	3	Heikkinen, Miss. Laina	female	26.0	0	0	STON/O2. 3101282	7.9250	NaN	S
3	4	1	1	Futrelle, Mrs. Jacques Heath (Lily May Peel)	female	35.0	1	0	113803	53.1000	C123	S
4	5	0	3	Allen, Mr. William Henry	male	35.0	0	0	373450	8.0500	NaN	S
...	...	...	...	...	...	...	...	...	...	...	...	...
886	887	0	2	Montvila, Rev. Juozas	male	27.0	0	0	211536	13.0000	NaN	S
887	888	1	1	Graham, Miss. Margaret Edith	female	19.0	0	0	112053	30.0000	B42	S
888	889	0	3	Johnston, Miss. Catherine Helen "Carrie"	female	NaN	1	2	W./C. 6607	23.4500	NaN	S
889	890	1	1	Behr, Mr. Karl Howell	male	26.0	0	0	111369	30.0000	C148	C
890	891	0	3	Dooley, Mr. Patrick	male	32.0	0	0	370376	7.7500	NaN	Q

図1.2：外れ値の例。グラフ右端に通常の傾向と異なるデータがプロットされている（第4章で紹介するHouse Pricesコンペのデータより）

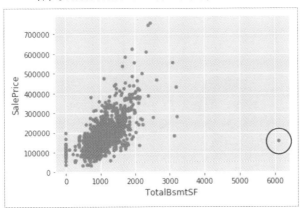

　なお、Kaggle創設者のAnthony Goldbloom氏のTED（著名人の動画スピーチを配信している米国の非営利団体）における講演の動画「The jobs we'll lose to machines -- and the ones we won't」（図1.3）がウェブで閲覧可能です。Kaggleを創設した彼が、これまでのコンペ開催の結果から機械学習の進歩をどのように考え、今後人間がどのようなことにチャレンジしていくべきか述べておりますので興味のある方はご覧になるとよいかと思います。

図1.3：TED「The jobs we'll lose to machines -- and the ones we won't」
URL https://www.ted.com/talks/anthony_goldbloom_the_jobs_we_ll_lose_to_machines_and_the_ones_we_won_t

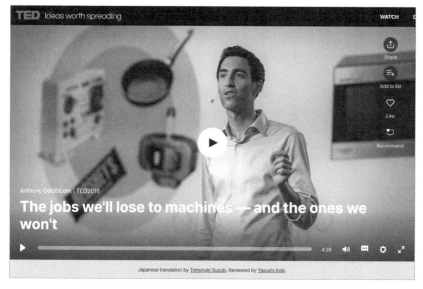

1.2 Kaggleにおけるメダル、称号

1.1節で触れた通り、自分の予測結果をKaggle上に投稿すると、他の人の予測精度と比較したランキングが表示されます。これを**Leaderboard**と言います（図1.4）。

図1.4：予測精度と順位結果が表示されるLeaderboard

	Overview	Data	Notebooks	Discussion	Leaderboard	Rules	Team		My Submissions	Submit Predictions
1466	linmou_people								0.12576	3	2mo
1467	GL9011								0.12577	8	1mo
1468	Kepan Gao								0.12577	1	2mo
1469	#adi								0.12577	2	15d
1470	ikoma_pomme								0.12578	9	1mo
1471	Sharan Mundi								0.12578	14	1mo
1472	HiroyukiSHINODA								0.12578	8	16d

Your Best Entry ↑
Your submission scored 0.12578, which is not an improvement of your best score. Keep trying!

1473	Hugo Yang								0.12579	7	2mo
1474	Pistachio Guoguo								0.12579	22	2mo
1475	damei								0.12581	8	2mo
1476	lishann								0.12582	13	2mo
1477	karljack								0.12583	1	8d
1478	Swapnanil Halder								0.12583	1	2mo
1479	Sizhen Li								0.12585	10	1mo
1480	Cordero								0.12585	28	2mo
1481	Charles.CC.L								0.12586	19	2mo
1482	ShudharsananMuthuraj								0.12586	2	23d
1483	Peter Hogya								0.12586	3	11d

Learderboardは、通常異なるデータで計算される2種類のものがあり、コンペ期間中に表示される**Public Leaderboard**と、コンペ終了後に計算される最終結果を表す**Private Leaderboard**があります。例えば予測対象のデータのうち8割のデータにおける予測精度でPublic Leaderboardの結果が表示され、残りの2割のデータでPrivate Leaderboardの結果が表示さ

れます。つまりコンペ期間中に予測精度を確認できるデータだけではなく、どのようなデータでも精度を高く予測できるか、が求められます。ちなみに、KaggleにおいてPublic Leaderboardの結果とPrivate Leaderboardの結果が大きく異なることは「shake」と呼ばれており、特にPublic LeaderboardからPrivate Leaderboardで順位が大きく下がることは「shake down」と呼ばれています。

　Kaggleの各コンペでは、Private Leaderboardの最終順位結果に基づいて**Gold**、**Silver**、**Bronze**といったメダルや賞金が授与されます（メダルや賞金授与は、対象コンペのみとなります）。各コンペ参加人数によって、メダル授与条件は異なるのですが、**図1.5**のKaggle公式ページの記載の通り、例えば参加者が1,000人のコンペの場合、Top10%が「Bronze」、Top5%が「Silver」、Top12位以内が「Gold」となります。

図1.5：コンペにおける参加人数ごとのメダル条件（Kaggle公式ページより）
`URL` https://www.kaggle.com/progression

	0-99 Teams	100-249 Teams	250-999 Teams	1000+ Teams
● Bronze	Top 40%	Top 40%	Top 100	Top 10%
● Silver	Top 20%	Top 20%	Top 50	Top 5%
● Gold	Top 10%	Top 10	Top 10 + 0.2%*	Top 10 + 0.2%*

　過去開催された、「Mercari Price Suggestion Challenge」においては、図1.6のような最終スコア、メダルの分布となりました（横軸が最終予測精度、縦軸が各スコア帯のチーム数のヒストグラム）。右端に、Gold、Silver、Bronze帯がプロットされています。Bronze帯の手前で特に人数の多いスコアがあります。Kaggle上では前述の通り自分のプログラム（Notebook）を投稿できるのですが、有志によって最終アウトプットまでのプログラムを公開しているものがあります。そのNotebookを用いた予測精度の人数が多くなっているようです。メダル入りするためには、Kaggle上で公開されているDiscussion、Notebookを追った上で、さらに一工夫する必要があることがわかります。

図1.6：「Mercari Price Suggestion Challenge」における参加者の最終スコアの分布およびメダルの獲得範囲（Kaggle上の最終結果より筆者独自集計）

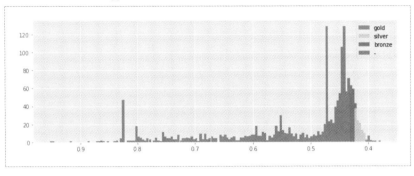

　さらに、各コンペのメダル実績に基づいて、称号および総合ランキングが付与されます。Bronze以上のメダル2つで**Kaggle Expert**になり、Goldメダル1つとSilverメダル2つ以上の実績で**Kaggle Master**になります。さらに、Goldメダル5つ以上（かつ1人（ソロ）でのGoldメダル1つ以上）で**Grandmaster**になります（図1.7）。ちなみにいわゆる「Competitions」（コンペのランキングによるもの）の称号の他、「Datasets」（データセットの公開によるもの）、「Notebooks」（プログラム実行ファイルの公開によるもの）、「Discussions」（コンペごとのトピックの投稿によるもの）でそれぞれ称号があります。Competitions以外のものは、他のユーザからのVote（投票）によってメダルが決まります。

図1.7：称号の条件（Kaggle公式ページより）
URL https://www.kaggle.com/progression

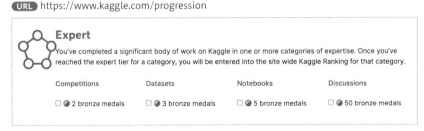

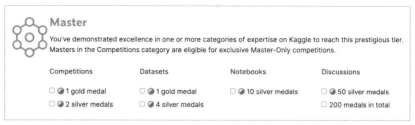

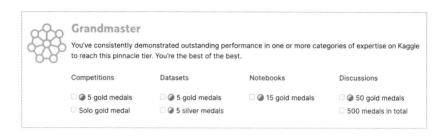

2020年5月時点では、180人（上位0.1%）のGrandmaster、1,417人のMaster（上位1.1%）、5,477人のExpert（上位4.0%）がいました（図1.8）。

図1.8：称号ごとの人数（Kaggle公式ページより）
URL https://www.kaggle.com/rankings

また、コンペによっては上位参加者（1、2、3位など）に賞金が授与されるものもあります。賞金獲得確定には、Notebook上ですべての計算が実行可能であることなどの条件がある場合があります。

Kaggleは1人（ソロ）で参加する他、複数人（チーム）で参加することもできます。チームを組んだ場合、もしメダル圏内に入選すればチームメンバー全員にメダルが授与されます。1日に採点できる上限投稿回数は、チームの場合、チーム全員の合計投稿回数で計算される点に注意しましょう。

1.3 コンペに参加する流れ

　Kaggleでは「コンペの確認」「参加条件に承諾」「データ分析」「予測結果の投稿」「最終予測値の選択」が一連のフローとなります（チームで取り組む場合、任意のタイミングで「チームマージ」）。「予測結果の投稿」以降は、「Discussion/Notebookの確認」、「データ分析」、「予測結果の投稿」を繰り返すことになります（図1.9）。

図1.9：Kaggleコンペに参加する流れ

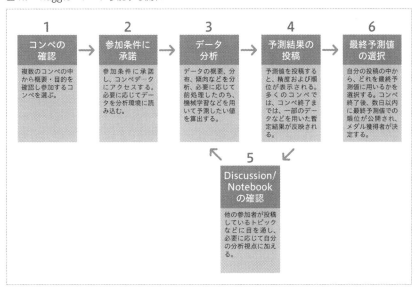

　「コンペの確認」は、Competitionsのページ（**URL** https://www.kaggle.com/competitions）から行うことができます（図1.10）。「Active（Not Entered）」が現在開催中のコンペとなります。各コンペは「タイトル」「概要」「期限」「賞金」「参加人数」「タグ（画像コンペ、テキストなど）」が確認できます。コンペ個別ページに遷移すると、より詳細な情報を確認できます（図1.11）。例えばコンペ個別の「ルール情報」や、「評価指標」などが記載されています。

図1.10：コンペ一覧ページ

「タイトル」「概要」「期限」「賞金」「参加人数」
「タグ（画像コンペ、テキストなど）」が確認できる

All Competitions

現在開催中のコンペを意味する

| Active (Not Entered) | Completed | InClass | | All Categories ▼ | Default Sort ▼ |

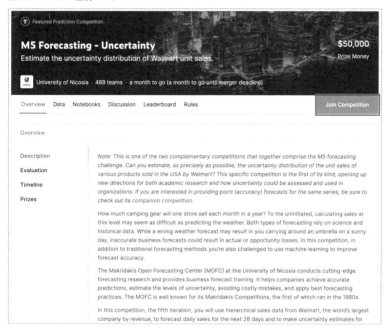

	Jigsaw Multilingual Toxic Comment Classification	
	Use TPUs to identify toxicity comments across multiple languages	$50,000
	Featured · 25 days to go · Code Competition · 1116 Teams	

M5	M5 Forecasting - Uncertainty	
	Estimate the uncertainty distribution of Walmart unit sales.	$50,000
	Featured · a month to go · 489 Teams	

SIIM-ISIC	SIIM-ISIC Melanoma Classification	
	Identify melanoma in lesion images	$30,000
	Featured · 3 months to go · 84 Teams	

	ALASKA2 Image Steganalysis	
	Detect secret data hidden within digital images	$25,000
	Research · 2 months to go · 397 Teams	

	Prostate cANcer graDe Assessment (PANDA) Challenge	
	Prostate cancer diagnosis using the Gleason grading system	$25,000
	Featured · 2 months to go · Code Competition · 459 Teams	

	Tweet Sentiment Extraction	
	Extract support phrases for sentiment labels	$15,000
	Featured · 19 days to go · Code Competition · 1524 Teams	

	Global Wheat Detection	
	Can you help identify wheat heads using image analysis?	$15,000
	Research · 2 months to go · Code Competition · 557 Teams	

図1.11：コンペ個別ページ

⊙ Featured Prediction Competition

M5 Forecasting - Uncertainty
Estimate the uncertainty distribution of Walmart unit sales.

$50,000
Prize Money

🎓 University of Nicosia · 489 teams · a month to go (a month to go until merger deadline)

Overview　Data　Notebooks　Discussion　Leaderboard　Rules　　**Join Competition**

Overview

Description
Evaluation
Timeline
Prizes

Note: This is one of the two complementary competitions that together comprise the M5 forecasting challenge. Can you estimate, as precisely as possible, the uncertainty distribution of the unit sales of various products sold in the USA by Walmart? This specific competition is the first of its kind, opening up new directions for both academic research and how uncertainty could be assessed and used in organizations. If you are interested in providing point (accuracy) forecasts for the same series, be sure to check out its companion competition.

How much camping gear will one store sell each month in a year? To the uninitiated, calculating sales at this level may seem as difficult as predicting the weather. Both types of forecasting rely on science and historical data. While a wrong weather forecast may result in you carrying around an umbrella on a sunny day, inaccurate business forecasts could result in actual or opportunity losses. In this competition, in addition to traditional forecasting methods you're also challenged to use machine learning to improve forecast accuracy.

The Makridakis Open Forecasting Center (MOFC) at the University of Nicosia conducts cutting-edge forecasting research and provides business forecast training. It helps companies achieve accurate predictions, estimate the levels of uncertainty, avoiding costly mistakes, and apply best forecasting practices. The MOFC is well known for its Makridakis Competitions, the first of which ran in the 1980s.

In this competition, the fifth iteration, you will use hierarchical sales data from Walmart, the world's largest company by revenue, to forecast daily sales for the next 28 days and to make uncertainty estimates for

　それらを確認し、もしコンペに参加する場合は「Join Competition」から参加条件に承諾すると「配布データ」のダウンロードが可能になります（詳細は第3章の3.3節を参照）。また、1回投稿すると自分のプロフィール画面にも参加コンペとして反映されます。「予測結果の投稿」は、submit画面（図1.12）から行うことができます。submitごとに、「description」（投稿内容の説明）を記載することができますので、モデルの設定や、前回からの更新点、ファイル名（バージョン名）など、後から振り返りやすいもの（再現できるもの）を記載しておくとよいでしょう（詳細は第3章の3.9節を参照）。

　複数投稿すると、どの投稿を最終予測値にするか選択することができます。通常2つのsubmitを選択することができますので、精度のよいもの、汎化性能が高いもの、などを選択しておきましょう（デフォルトでは、Public Leadeboardの順位上位2つが選択）。「Discussion」、「Notebooks」では、他の参加者が投稿したコンペに対する意見や実行結果を確認することができます。「Hotness」、「Best score」、「Most Vote」など様々な視点で並び替えることができますので、定期的にチェックしておきましょう。

図1.12：submit画面

1.4 コンペの種類

Kaggleでは、下記のように様々な種類のコンペが開催されています。

・**Predict コンペ**

　もっともスタンダードなコンペとなります。データをダウンロードして任意の環境で分析するか、Kaggle上のオンライン環境で分析するか選ぶことができます。制限がない分、それぞれの環境に応じて様々な分析手法を試すことができます。一方で、複雑なモデルアンサンブル（複数の機械学習手法の組み合わせ）が上位にくることもあり、コンペ主催者側としては、上位ソリューションは実務に活用しづらいものになるということがありえます。

・**Code コンペ**

　Kaggleのオンライン環境で分析することが条件となります。分析環境は参加者で統一される他、処理時間が60分以内で終わることなどの条件がある場合があり、過度に複雑な処理などは制限されます。

・**最適化コンペ**

　通称、「サンタコンペ」と呼ばれている、年末に開催されるサンタクロースに関するテーマでの数理最適化コンペが代表的なものとなります。通常の予測タスクのコンペと異なり、最適解をいかに早く見つけることができるかという競技コンペ的な側面があるものとなります。実際、2019年開催のサンタコンペ（「Santa's Workshop Tour 2019」）も例年同様、開催から1カ月ほどで最適解が投稿されはじめ、最適解を見つけてもSilverメダルが上限、という状況になりました。

・**Simulation コンペ**

　2019年12月のKaggle Days Tokyo 2019で予告され、12月下旬から実施された「Connect X」が初のSimulationコンペとなります。通常の予測タスクと異なり、例えばゲームなどにおいて、高得点を取得するための自動で動くプログラムを作成するようなものとなります。

1.5 Kaggleコミュニティについて

　Kaggleは、データ分析スキルを競い合う場というだけではなくユーザ間のコミュニケーションや情報発信も活発です。Kaggle上でNotebookやDiscussionを通してのやりとりが頻繁に行われている他、"Kaggle Days"という公式イベントも活発です（図1.13）。その様子の一部はKaggle公式YouTubeチャンネルに上がっていますので一度見てみるとよいでしょう。また、Kaggler（Kaggleに参加している人）は情報発信を積極的に行っている方も多く、Twitterで「Kaggle」あるいはコンペ名で検索すると多くのKagglerが見つかりますので、フォローしておくと自分が参加しているコンペの流れや最新の技術動向などがわかります。その他、「kaggler-ja」などのSlackアカウントや、「Kaggle Meetup」などの有志による勉強会もありコンペの振り返りなどの共有などが行われていますので、興味のある方はぜひ参加してみてください。

図1.13：「Kaggle Days Tokyo 2019」の様子（筆者撮影）

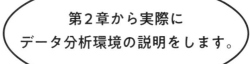

CHAPTER 2

データ分析の手順、
データ分析環境の構築

本章では、データ分析の手順、およびデータ分析を行うための
環境構築について紹介します。
なお、本書ではPythonの基本的な説明は割愛し、
データ分析に特化して解説します。

2.1 データ分析の手順・概要

はじめに一般的なデータ分析手順を紹介しながら、各用語を整理します。

データ分析の目的とは何でしょうか。その目的はデータおよび研究または業務範囲によって様々かと思います。本書ではKaggleで特に多い、「何かを予測するデータ分析（予測タスク）」を主に扱います（数理最適化やシミュレーションなどは範囲外とします）。

「予測タスク」における一般的なデータ分析のフローは下記のようなものだと思います（下記は、第1章・図1.9「Kaggleコンペに参加する流れ」における「3.データ分析」の詳細に該当しますが、Kaggleでのデータ分析に限らず、より汎用的に説明します）。

1. 目的・指標決定

何のためにどのようなデータを用いてどのような分析をし、その結果をどのような指標で評価するかを決定。

2. データ収集

内部・外部環境からデータ収集（必要に応じてデータプロバイダーなどから、データを購入する場合もあります）。

3. データ整形/前処理

収集した複数のデータを統合し、分析に適したフォーマットに整形。併せて欠損値などの処理。

4. データ探索・可視化

データの分布や傾向、概要の可視化などを行いながら確認し、仮説や疑問・課題を整理。

5. 特徴量生成

機械学習モデルに入力するための様々な特徴量（各値の平均値など）を作成。

6. モデル作成 / 予測・分類

モデルの設定（ハイパーパラメータと言います）を調整しながら、予測精度の高いモデルを作成。時には異なる機械学習モデルを複数組み合わせて作成。

7. 検証 / 施策実施

得られたモデルを用いて、目的に応じて施策実施し効果を検証。

本書では、上記のうち「3. データ整形/前処理」のフェーズから、「6. モデル作成/予測・分類」までのフェーズをターゲットとします。ある集団を特徴ごとに分類することや、未知のものを予測するための様々な方法について記載していきます。

「予測タスクのデータ分析」において、最終的に予測するべき値を、**目的変数**と呼びます。例えば、売上予測のためのデータ分析なら、目的変数は売上となります。第3章で紹介するタイタニック号の乗客の生死予測の場合は、目的変数は、各乗客ごとの生死です。一方、目的変数を売上とした時の、その売上に対する月、曜日、天気、セール（をしたかどうかのフラグ）のような、売上（目的変数）の原因となる値を**説明変数**と呼びます（図2.1）。

図2.1：目的変数と説明変数

| 目的変数 | 説明変数 | | | |
| 予測したい値 | 予測したい値の原因となる値 | | | |
売上（千円）	月	曜日	天気	セール
300	4	火	曇り	1
250	4	水	雨	0
280	5	木	曇り	0
310	5	金	晴れ	0
330	5	土	晴れ	1
350	5	日	晴れ	1

　説明変数と目的変数が合わさったものを**学習データ**（train data/training set）と呼び、説明変数のみで目的変数が存在しないもの（これから予測したいもの）を**テストデータ**（test data/test set）と呼びます。データ分析における予測タスクでは、「説明変数」から精度高く「目的変数」を予測するモデルを作成することを目指します（ちなみに、データ分析では、目的変数がない場合や、予測することが目的ではない場合もあります。例えば教師（正解）データのない、分類タスクなどです）。

　なお、実際のデータ分析においては、学習データをさらに分割して、機械学習モデルの予測精度を確かめることになります。テストデータには精度を確かめるための目的変数の正解データが入っていないため、通常、学習データを何らかの比率で分割し、学習データとは別にデータを作成します。これを**検証データ**（valid data）と言います（図2.2）。

図2.2：学習データ、検証データ、テストデータの関係

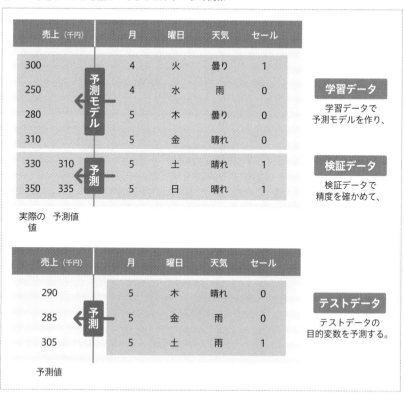

2.2 データ分析の環境について

Pythonを利用したデータ分析の環境について

Kaggleに限らず、データ分析を行うには様々なツール、プログラミング言語があります。もしかしたら読者のみなさんがよく使用しているかもしれないExcel、データ分析に特化したJMP、SPSSなどのツール、RやSQLなどの言語を使うこともあるかもしれません。本書ではPythonを用いたデータ分析について解説します。

「なぜPythonなのか」という方もいると思います。様々な理由がありますが、Pythonはデータ分析だけに特化している言語ではなく、データ収集や可視化、APIの利用、あるいはその後のアプリケーション開発のための柔軟な記述ができるということ、そして近年、Pythonでのデータ分析のための開発が非常に進んでいることがあげられます。

Pythonでプログラミングする際に、必要な機能（パッケージあるいはライブラリ）を個別にインストールし、プログラム内に読み込む（インポートと言います）のですが、データ分析関連のパッケージが非常に充実しております。

筆者は、社会人になったばかりの頃、RとPythonを用途に応じて使い分けていましたが、ここ最近は、ほぼPythonとSQLで業務をしています。ちなみに2019年に行われたKaggle上でのアンケート（「2019 Kaggle ML & DS Survey」）において、データ分析のために使用されている言語で第1位となったのはPythonでした（図2.3）。なお図2.3は重複を含む回答となります。つまり、PythonとRどちらも使用するKagglerも当然います。

図2.3：Kagglerの使用言語（「2019 Kaggle ML & DS Survey」の19,717人のアンケート結果より筆者独自集計）

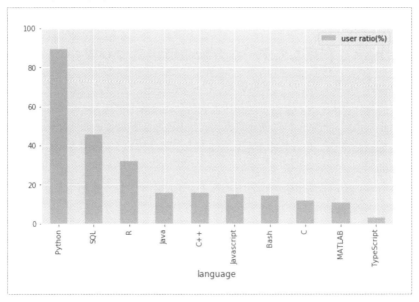

　macOSをお使いの方はデフォルトでPythonがインストールされています。Windowsをお使いの方はPython日本語公式サイト(**URL** https://www.python.jp/install/windows/index.html）にて、画面付きで丁寧にインストール方法が記載されています。なお本書のWindows環境では、Anacondaを利用します。

ローカルまたはクラウドにおけるデータ分析の環境について

　Kaggleに限らずデータ分析を行うには、手元のPCで処理を実行するローカル環境、手元のPCからリモートサーバにアクセスして処理を行うクラウド環境、どちらかを選択することになります。クラウド環境は、所属している会社が独自のサーバインフラで分析環境を用意している場合もあれば、会社あるいは個人でGoogle Cloud Platform（GCP）、Amazon Web Services（AWS）などのクラウドサービスを契約して利用することもあります。またKaggleでもオンラインの分析環境（Kernel）が提供されていますので、そこにアクセスして処理を実行することもできます。それぞれにメ

リット・デメリットがあり、それぞれの環境を併用して分析を進めることも、しばしばあります。

　ローカル環境で分析を行うメリットは、「もっとも手早く実行することができること」と「無料であること」です。通常GCPなどのクラウドサービスを利用する場合、利用するサーバのスペックや利用時間によって課金されますが、Kaggleなどの分析を2〜3カ月行う場合、利用するスペックによっては5〜10万円ほど（構築環境によってはそれ以上）となることも珍しくありません。

　一方、ローカル環境のデメリットは、気軽にスペックを変更することができないことです。そのため、大規模なデータや画像/動画の分析を手元のPCのみで行うことは現実的ではありません。また、処理によっては手元のPCのCPUが占有されてしまうことになりますので、その他の作業にも影響します。筆者の場合、Kaggleでも業務でも、ローカル環境のみで分析が完結することはほぼありませんが、一部小規模なデータ分析においてローカル環境を用いることがあります。

　ちなみに、先ほど紹介した2019年のKagglerへのアンケート結果を参照すると、Kagglerはクラウドサービスをよく利用していることがわかります（図2.4）。

いろいろな分析環境があるんだね

図2.4：Kagglerのデータ分析環境（「2019 Kaggle ML & DS Survey」の19,717人のアンケート
　　　　結果より筆者が独自に集計したもの）

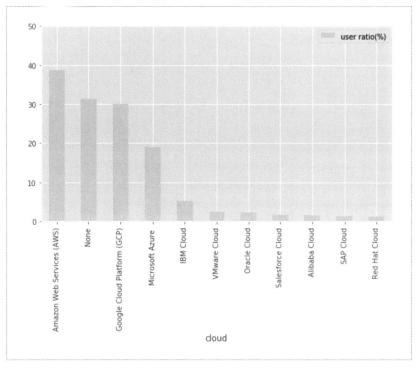

　本章では、お手持ちのローカルPCでデータ分析の環境を構築する手順
（2.4節、2.5節）、およびKaggle上でデータ分析の環境を準備する手順（2.6
節）を紹介します。

　なお、第5章の5.3節にクラウド環境の例として、GCPのAI Platformで
データ分析を行う手順についても簡単に紹介します。Kaggleや業務などで
大規模なデータを扱う必要がある場合は参照してください。

2.3 Jupyter Notebookによる対話的なデータ分析環境について

　Pythonの実行は、ターミナル上でプログラムファイルを指定して行うこともできますが、データ分析において、試行錯誤しながら処理を進める場合、**Jupyter Notebook**を使用すると便利です（図2.5）。Jupyter Notebookは、Webブラウザ上で動作する対話的プログラム実行環境となります。複数のプログラム言語をカバーしている点、オープンソースのため無料で使用することができる点、プログラムと併せて図やテキストなどの注釈を入れてそれらを.ipynb形式で書き出して他の人に共有できる点などから、多くのデータ分析の現場で使用されています。

図2.5：Jupyter Notebookの実行画面

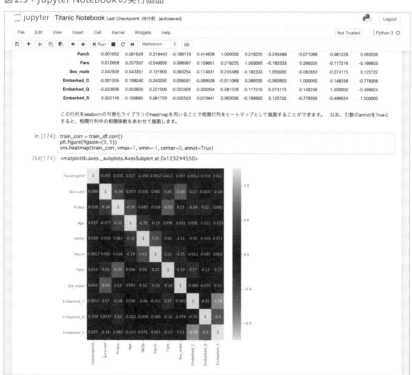

　プログラムの実行はファイル全体ではなく、セル単位で実行することができるため、細かい処理ごとに結果を確認しながら、データ分析を進めることができます（図2.6）。

図2.6：Jupyter Notebookにおけるセル単位の処理の実行

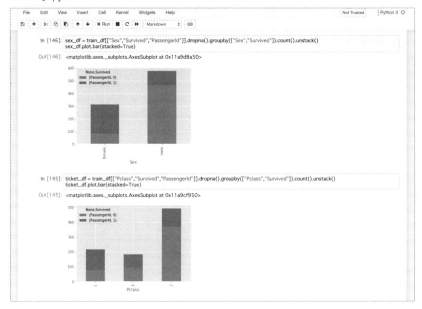

　そこで、本書ではJupyter Notebookを用いた実行手順を紹介します。なお、Jupyter Notebookの簡単な利用方法は第2章の2.4節で紹介します。

ローカルでデータ分析の仮想環境を構築するメリット

　ローカルのPC環境でデータ分析環境を構築する場合、気を付けたいことは、いつでも環境構築をやり直せるようにしておくことです。Python自体もそうですし、分析のためのPythonのパッケージは都度更新され、各パッケージが依存関係にあることも多々あります。そのため、度々パッケージのインストール・更新を行うことになりますが、これまで問題なく動作していたコードやパッケージがバージョンによってうまく動かないということがしばしば起こり得ます。

　かくいう筆者もデータ分析をはじめたばかりの頃は、「とりあえず直接 Python およびパッケージを PC にインストールして必要に応じて更新したらよい」と考えていましたが、案の定、Python 環境がハチャメチャになってしまい、一部のパッケージがうまく動作しなくなりました。

　筆者の経験からも、手元の PC にそのまま Python を入れず、仮想環境などを構築して、各バージョンを切り替え、もしうまく動作しなくなったら、いつでももとに戻せる方法を推奨します。これは、ローカル・クラウドどちらにも言えることですが、特にローカルだと（クラウドと異なりサーバを立て直す・別の PC を用いるわけにはいかないため）非常に重要でしょう。

　仮想環境の構築には Anaconda や virtualenv、サーバを仮想化する（コンテナ化する）Docker を用いた方法など様々ありますが、本書では手軽かつわかりやすい Anaconda（2.4節）と仮想環境ではないものの、バージョン管理ツールとして定評のある pyenv（2.5節）を用いた方法について解説します。

2.4 Anacondaの仮想環境を利用する（Windows）

Anacondaは、PythonおよびR言語用の開発環境で、仮想環境も構築でき、分析系のライブラリの管理もしやすいです。

> **注意**
>
> **Anacondaにおけるライブラリのインストール：**
> Anaconda上でライブラリをインストールするには、Anaconda独自のconda
> コマンド経由でイントールする方法とPythonのpipコマンドでインストールする
> 方法があります。condaコマンド経由でインストールできないライブラリもあるた
> め、ライブラリの管理が煩雑になる点に注意してください。
> 本書では、管理をしやすくするため、Jupyter以外のライブラリはpipコマンドで
> インストールしています。

Anacondaは、Windows用、macOS用、Linux用のインストーラが用意されています。ここではWindows用のインストーラのダウンロードとインストール方法を紹介します（macOSもLinuxの場合もインストール手順は、ほぼ同じです）。

本書で利用するAnacondaをダウンロードする

Anacondaのインストーラのあるダウンロードサイトにアクセスします（図2.7）。

本書では、Pythonのバージョンは3.7を利用するので、「Anaconda3-2020.02-Windows-x86_64.exe」もしくは「Anaconda3-2020.02-Windows-x86.exe」のインストーラをクリックしてダウンロードします。64ビット

図2.7：Anacondaのインストーラのあるサイト
URL https://repo.anaconda.com/archive/

Anaconda installer archive

Filename	Size	Last Modified	MD5
Anaconda3-2020.07-Linux-ppc64le.sh	290.4M	2020-07-23 12:16:47	daf3de1185a390f435ab80b3c2212205
Anaconda3-2020.07-Linux-x86_64.sh	550.1M	2020-07-23 12:16:50	1046c40a314ab2531e4c099741530ada
Anaconda3-2020.07-MacOSX-x86_64.pkg	462.3M	2020-07-23 12:16:42	2941ddbaf0cdb49b342c18cde51fee43
Anaconda3-2020.07-MacOSX-x86_64.sh	454.4M	2020-07-23 12:16:44	50f20c90b8b5bfde00759c09e32dcc68
Anaconda3-2020.07-Windows-x86.exe	397.3M	2020-07-23 12:16:51	aa7dcf4d01...
Anaconda3-2020.07-Windows-x86_64.exe	467.5M	2020-07-23 12:16:46	7c718535a...
Anaconda3-2020.02-Linux-ppc64le.sh	276.0M	2020-03-11 10:32:32	fef889d39391p2099ca117930ac971411d
Anaconda3-2020.02-Linux-x86_64.sh	521.6M	2020-03-11 10:32:37	17600d1f12b2b047b62763221f29f2bc
Anaconda3-2020.02-MacOSX-x86_64.pkg	442.2M	2020-03-11 10:32:57	d1e7fe5d52e5b3ccb38d9af262688e89
Anaconda3-2020.02-MacOSX-x86_64.sh	430.1M	2020-03-11 10:32:34	f0229959e0bd45dee0c14b20e58ad916
Anaconda3-2020.02-Windows-x86.exe	423.2M	2020-03-11 10:32:58	64ae8d0e5095b9a878d4522db4ce751e
Anaconda3-2020.02-Windows-x86_64.exe	466.3M	2020-03-11 10:32:35	6b02c1c91049d29fc65be68f2443079a
Anaconda2-2019.10-Linux-ppc64le.sh	295.3M	2019-10-15 09:26:13	6b9809bf5d36782bfa1e35b791d983a0
Anaconda2-2019.10-Linux-x86_64.sh	477.4M	2019-10-15 09:26:03	69c64167b8cf3a8fc6b50d12d8476337

いずれかをクリックしてダウンロード

版と32ビット版があり
ますが、利用しているOS
に合わせ、選んでダウン
ロードしてください。ここ
では、「64-Bit Graphical
Installer（466MB）」を
クリックして、Python
3.7のWindows用64
ビット版のインストーラ
「Anaconda3-2020.02-
Windows-x86_64.exe」
をダウンロードします
（図2.7）。

　ダウンロードしたイン
ストーラ「Anaconda
3-2020.02-Windows-
x86_64.exe」をダブル
クリックして、セット
アップウィザードを起
動し、「Next」をクリッ
クします（図2.8）。

　利用許諾に同意して、
「I Agree」をクリックし
ます（図2.9）。

　「Just Me（recom
mended）」を選択して
（ 図2.10❶ ）、「Next」
をクリックします❷。

図2.8：セットアップウィザード①

図2.9：セットアップウィザード②

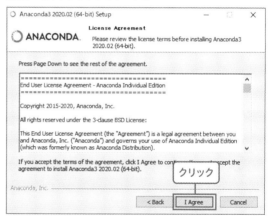

図2.10：セットアップウィザード③

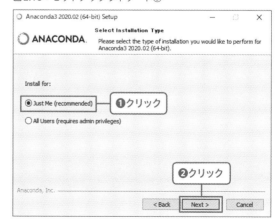

インストール先を指定して（図2.11❶）、「Next」をクリックします❷。

「Install」をクリックします（図2.12）。

インストールが開始されます（図2.13）。

図2.11：セットアップウィザード④

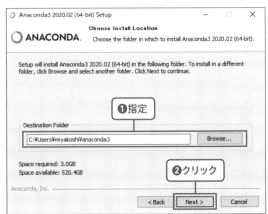

図2.12：セットアップウィザード⑤

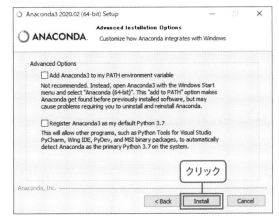

図2.13：セットアップウィザード⑥

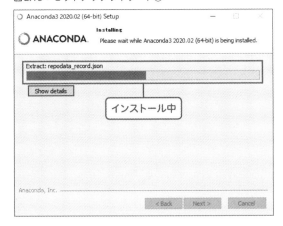

インストールが終わったら、「Next」をクリックします（図2.14）。

「Next」をクリックします（図2.15）。

「Finish」をクリックします（図2.16）。

図2.14：セットアップウィザード⑦

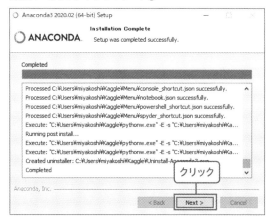

図2.15：セットアップウィザード⑧

図2.16：セットアップウィザード⑨

Anaconda Navigatorを起動する

　Windowsのスタートメニューから（図2.17❶）「Anaconda3（64-bit）」❷→「Anaconda Navigator」を選択して❸、Anaconda Navigatorを起動します。

図2.17：Anaconda Navigatorの起動

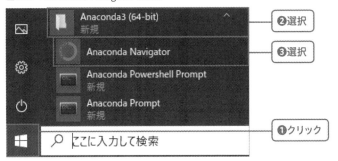

　Anaconda Navigatorのダイアログが表示されるので、「Ok」をクリックして閉じます（図2.18）。

図2.18：Anaconda Navigatorのダイアログ

仮想環境を作成する

　Anaconda Navigatorで「Environments」をクリックして（図2.19❶）、「Create」をクリックし❷、仮想環境を作成します。

　仮想環境を作成することで、各仮想環境ごとに利用するライブラリのバージョンを整理できます。

図2.19：仮想環境の作成①

　「Create new environment」画面で（図2.20）、「Name」に仮想環境名（ここでは「kaggle_book」としています）を入力して❶、「Python3.7」を選択し❷、「Create」をクリックします❸。

　仮想環境が作成されます（図2.21）。

図2.20：仮想環境の作成②

図2.21：仮想環境の作成③

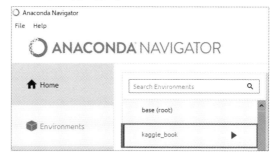

ライブラリをインストールする

作成した仮想環境の「▶」をクリックして（図2.22❶）、「Open Terminal」を選択します❷。

図2.22：「Open Terminal」を選択

するとコマンドプロンプトが起動します（図2.23）。

図2.23：コマンドプロンプトの起動

以下のcondaコマンドを実行してJupyter Notebookをインストールします。

コマンドプロンプト

```
(kaggle_book)> conda install jupyter
```

なお本書で必要な各種ライブラリは、該当する箇所でインストール方法を紹介します。

Jupter Notebookを起動する

インストールが終了したら、作成した仮想環境の「▶」をクリックして（図2.24❶）、「Open with Jupyter Notebook」を選択します❷。

図2.24：「Open With Jupyter Notebook」を選択

デフォルトで指定しているブラウザが起動し、Jupyter Notebookが開きます。（図2.25）。

図2.25：Jupyter Notebookが開く

Notebookを作成する

Jupyter Notebookで「New」をクリックして（図2.26❶）、「Python 3」を選択すると❷、新規のNotebookが作成されます（図2.27）。

図2.26：新規のNotebookの作成①

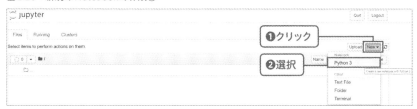

図2.27：新規のNotebookの作成②

簡単なプログラムを実行する

新規作成されたNotebookにはセルがあります。セルが「Code」になっ

ていれば（図2.28❶）、プログラムを入力できます。

リスト2.1のように入力して、「Run」をクリック（もしくは［Shift］＋［Enter］キーを押す）すると❷、プログラムが実行され、実行結果が下のセルに表示されます❸。

リスト2.1 簡単なプログラム

```
print("Hello! Kaggle")
```

```
Hello! Kaggle
```

図2.28：プログラムの実行

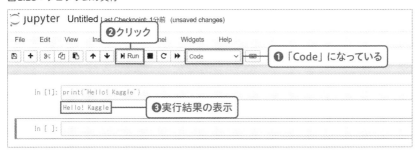

テキストを入力する

セルを「Markdown」にして（図2.29❶）、「Kaggle Book」と入力し❷、「Run」をクリック（もしくは［Shift］＋［Enter］キーを押す）すると❸、テキストが表示されます❹。

図2.29：テキストの入力

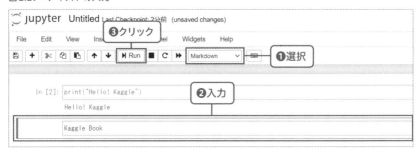

ファイル名を変更する／保存する

作成したファイル名を変更する場合、「Untitled」をクリックすると（図2.30❶）、「Rename Notebook」画面が開くので、ファイル名を入力して（ここでは「chapter2」としています）❷、「Rename」をクリックします❸。するとファイル名が変更されます❹。保存する場合は、「保存」のアイコンをクリックします❺。

図2.30：ファイル名の変更とファイルの保存

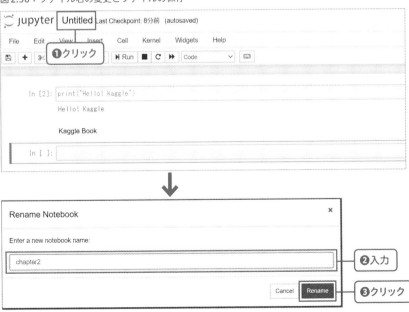

（図2.30　続き）

Notebookを終了する

　Notebookを終了する場合、メニューから「File」（図2.31❶）→「Close and Halt」を選択します❷。するとNotebookが閉じて、ファイル一覧が表示されます❸。

図2.31：Notebookの終了

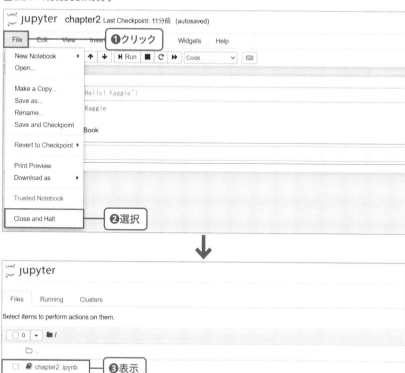

フォルダを作成する

ファイル以外にもフォルダを作成することもできます。「New」をクリックして（図2.32❶）、「Folder」を選択すると❷、「Untitled Folder」が作成されます。「Untitled Folder」にチェックを入れて❸、「Rename」をクリックすると❹、「Rename directory」画面が開くので、フォルダ名を変更して❺（ここでは「chapter2」としています）「Rename」をクリックします❻。するとフォルダ名が変更されます❼。フォルダ単位で管理したい場合に利用すると便利です。

図2.32：フォルダの作成

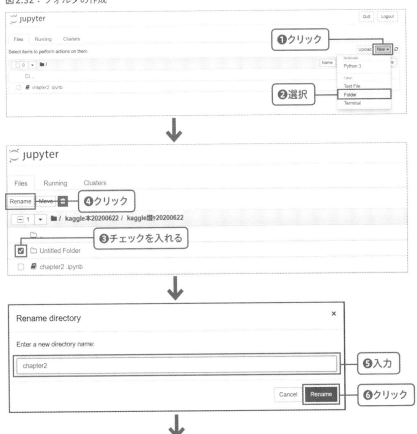

（図2.32　続き）

Jupyter Notebookを終了する

Jupyter Notebook自体を終了する場合、「Quit」をクリックします（図2.33❶）。すると「Server stopped」と表示されます❷。この画面が出たら、ブラウザのタブの「×」をクリックして閉じます❸。

図2.33：Jupyter Notebookの終了

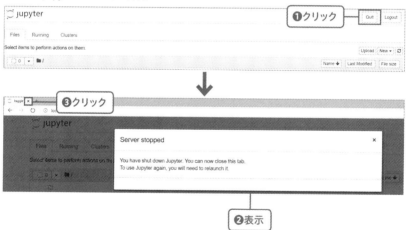

メモ Python日本語公式サイト：

Python日本語公式サイト（**URL** https://www.python.jp/install/anacon
da/macos/install.html）にもインストール手順が記載されています（図
2.34）。

図2.34：Anacondaのインストール手順

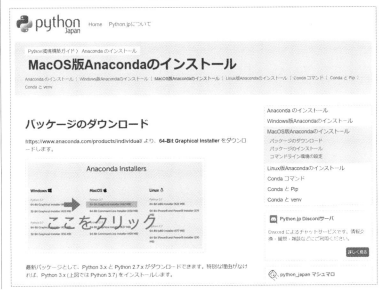

2.5 pyenvの環境を利用する（macOS）

pyenvは、Pythonのバージョン管理ツールとなります。Pythonには、3.2、3.3など様々なバージョンがありますが、pyenvを用いると、それらを別々に管理して、バージョンごとに分析用のライブラリをインストールでき、いつでも切り替えたり消去したりすることができます。Pythonの分析パッケージをひとまとめにインストール・管理できるAnacondaなどをpyenv経由で入れて、Anacondaとそれ以外を使い分けることも可能です。

pyenvを用いた方法は途中、vim（高機能なテキストエディタ）などを使用します。もし手順にハードルを感じる方は、前節のAnacondaを利用した環境構築方法を参照してください。

なお以降で紹介する構築方法はmacOSの場合となります。Windowsの場合はサードパーティ製のpyenv-win（**URL** https://github.com/pyenv-win/pyenv-win#installation）のインストール手順を参照してください。

それではmacOSにpyenvをインストールしていきましょう。

ターミナルを起動する

まずは、macOSのメニューから「移動」（図2.35❶）→「ユーティリティ」を選択して❷、「ターミナル.app」をダブルクリックして❸、ターミナルを起動します❹。

図2.35：ターミナルを起動する

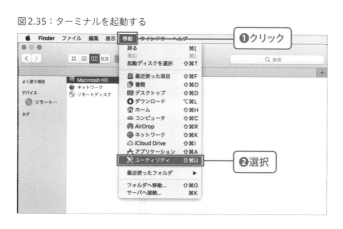

pyenvをインストールする

ターミナルが起動したら、「brew install pyenv」と入力して実行し、pyenvをインストールします。

ターミナル

```
$ brew install pyenv
```

注意｜**エラーが表示される場合**：
もし「brewが入っていない」などといったエラーが表示される場合は、GitHubからコードをコピーして（クローンして）インストールしましょう。
具体的には次のコマンドを入力して実行します。

ターミナル

```
$ git clone git://github.com/yyuu/pyenv.git ~/.pyenv
```

pyenvにパスを通す

次に、pyenvにパスを通すために、次のコマンドを入力して実行します

（vimの操作に慣れていない方も、とりあえず、次の手順に従って読み進めてください）。

> **メモ** vim：
> vimは高機能なテキストエディタです。コマンドで操作します。

ターミナル

```
$ vim ~/.bash_profile
```

vimが立ち上がり、.bash_profileの編集画面になりますので、［i］キーを押して編集モードにした後、次の内容を入力してください。

.bash_profileの編集

```
export PYENV_ROOT="$HOME/.pyenv"
export PATH="$PYENV_ROOT/bin:$PATH"
eval "$(pyenv init -)"
```

入力し終わったら、［esc］キーを押して、編集モードを終えた後、「:wq」（vimコマンドで、「wq」は保存して終了の意味）と入力しましょう。vimの画面から通常のターミナル画面に戻ったら、次のコマンドを入力して実行し、先ほどの変更を適用します。これで、準備は整いました。

ターミナル

```
$ source ~/.bash_profile
```

pyenvでインストールできるPythonのバージョンを確認する

まずは、pyenvでインストールできるPythonのバージョンを次のコマンドを入力して実行し、確認してみましょう。

ターミナル

```
$ pyenv install --list
```

Pythonのバージョンを指定してインストールする

　次に、表示されたリストの中から、任意のバージョンのPythonをインストールします。ここでは「3.7.6」を指定しますので、次のコマンドを入力して実行します。終了するまで少し時間がかかります。

ターミナル

```
$ pyenv install 3.7.6
```

　pyenv経由で入っているバージョンを一覧で表示するには、次のコマンドを入力して実行します。

ターミナル

```
$ pyenv versions
```

Pythonのバージョンを切り替える

　Pythonのバージョンを切り替えたくなった場合は、次のコマンドを入力して実行します。すべてのディレクトリで切り替えたい場合はglobal、現在のディレクトリのみ切り替えたい場合は、localを指定します。

ターミナル

```
$ pyenv global 3.7.6
```

　Pythonのバージョンを切り替えたら、念のため、次のコマンドを入力して実行し、現在の環境が正しく切り替わっているかを確認します[1]。

ターミナル

```
$ python -V
```

※1　Pythonのバージョンが切り替わらない場合、ホームディレクトリに.python-versionファイルがすでに存在している可能性があります。その場合、すでにある.python-versionファイルを削除し、再度バージョンを切り替えるコマンドを実行してください。

Jupyter Notebookをインストールする

最後に、Jupyter Notebookをインストールしておきましょう。なお、Anacondaをインストールしている場合は、すでにJupyter Notebookがインストールされているので、次のコマンドは不要です。

ターミナル

```
$ pip install --upgrade pip


$ pip install jupyter
```

pyenv経由でAnacondaをインストールする方法は下のメモを参照してください。また本書で必要な各種ライブラリは、該当する箇所でインストール方法を紹介します。

Jupyter Notebookを起動する

Jupyter Notebookを起動するには次のコマンドを入力して実行します。

ターミナル

```
$ jupyter notebook
```

メモ

pyenv経由でAnacondaをインストールする：
pyenv経由でAnacondaをインストールするには、Pythonのバージョンを指定してインストールする時と同様に、`pyenv install -l`で利用できるバージョンを確認した後に、`pyenv install バージョン名`を入力して実行します（ここでは「Anaconda3-2020.02」を指定）。終了するまで少し時間がかかります。

ターミナル

```
$ pyenv install -l
(…略…)
Anaconda3-2020.02
(…略…)
$ pyenv install Anaconda3-2020.02
```

2.6 Kaggleの環境を利用する

　手持ちのPCによるローカル環境（2.4節、2.5節）、GCPのAI Platform
（第5章の5.3節）などの有料クラウド環境の他、Kaggle上で提供されてい
るクラウド環境で分析することも可能です。**Codeコンペ**と呼ばれている
Kaggleコンペの場合、Kaggle上で分析することが条件となります。

　有料のクラウドサービスと比べるとスペックは限られていますが、GPU
も利用できますのでローカルではできないことを試す際にはよいかもしれま
せん。また、2.4節、2.5節で紹介したローカルPCでの分析環境の構築に
ハードルを感じる方は、まずはKaggle上で本書の内容を進めることも可能
です。

Kaggleのサイトにアクセスする

　Kaggle上での分析には、Kaggleのサイトにアクセスし（図2.36）、
「Notebooks」をクリックします。

図2.36：Kaggle
URL https://www.kaggle.com/

すると Kaggler の方によってこれまでにアップされた Notebooks の一覧が表示されます（図2.37）。

図2.37：Kaggle の Notebooks 一覧ページ

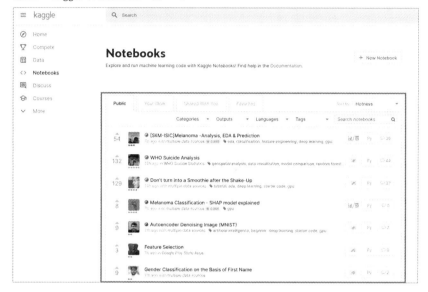

Kaggle のアカウントを作成する

Kaggle で Notebook の機能を十分に利用するには Kaggle のアカウントを作成する必要があります。

まず「Register」をクリックします（図2.38）。

図2.38：「Register」をクリック

「Register with Google」もしくは「Register with your email」をクリックします。ここでは「Register with your email」をクリックします（図2.39）。

すると「Register」画面（図2.40）になるので、「Email address」❶、「Password（min 7 chars）」❷、「Full name（displayed）」❸にそれぞれ入力して、「私はロボットではありません」にチェックを入れ❹、「Next」をクリックします❺。

「Privacy and Terms」画面（図2.41）で、プライバシーポリシーに同意したら、「I agree」をクリックします。

図2.39：「Register with your email」をクリック

図2.40：「Register」画面

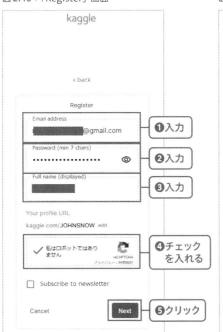

図2.41：「Privacy and Terms」画面

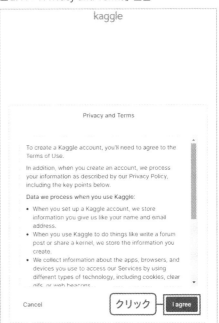

「Verify your email」画面（図2.42 ❶）になります。「Six-digit code」の入力が必要なので、登録したメールアドレスにきているKaggleからのメールを確認します。表示されているSix-digit codeをコピーします❷。Verify your emailの画面に戻り、Six-digit codeをペーストして❸、「Next」をクリックします❹。

図2.42：「Verify your email」画面

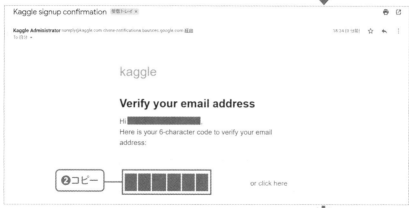

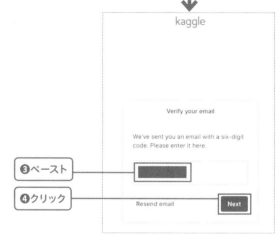

　Kaggleのページに戻ります。Registerのアイコンが消え、ログインしている状態になります（図2.43）。

図2.43：ログイン状態のアイコン

Kaggleで新規のNotebookを作成する

　新たにNotebookを作成する場合は、ページ右上の「＋New Notebook」をクリックします（図2.44）。

図2.44：「＋New Notebook」をクリック

　「Select language」でNotebookの言語として「Python」か「R」を選択します。本書では「Python」を選択します（図2.45❶）。

　「Select type」で「Notebook」か「Script」を選択します。本書では「Notebook」を選択します❷。

　「SHOW ADVANCED SETTINGS」をクリックすると（クリックすると「HIDE ADVANCED SETTINGS」に変更されます）オプションで、「Enable Google Cloud Services」でGoogle Cloudサービスと連携するかを選択できます

❸。また、「Accelerator」でGPUとTPUを選択できます❹（画面は認証済の画面）。本書ではオプションについては特に設定せず（「Enable Google Cloud Services」は「off」、「Accelerator」は「None」を選択した状態で）、「Create」をクリックします❺。

図2.45：オプションの設定

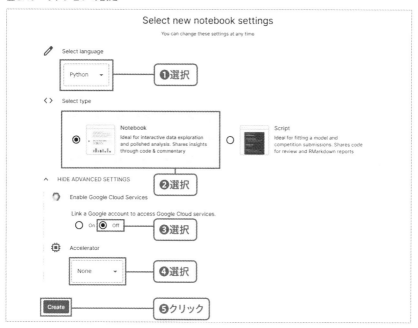

メモ

「Accelerator」を利用する場合：

「Accelerator」を利用する場合、初期画面で表示される「Requires phone verification」をクリックします（図2.46❶）。

「To proceed, you must verify your Kaggle account via your mobile phone.」画面で、「Country Code」で「JP(+81)」を選択し❷、「Phone Number」で電話番号（ハイフンなし）を入力❸、「私はロボットではありません」にチェックを入れて❹、「Send code」をクリックします❺。

画面内容が変わるので、「Enter your verification code」に登録した電話番号に送られてきた6桁のコードを入力して❻、「Verify」をクリックすれば❼、利用できるようになります。

図2.46：Acceleratorを利用する場合

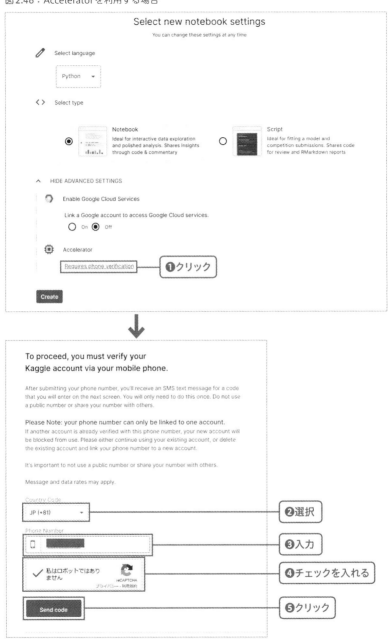

（図2.46　続き）

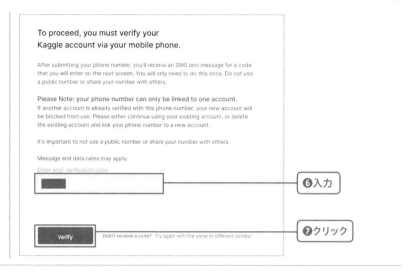

しばらく待つと、実行準備が整います（図2.47）。この環境でも、各セルに本書の内容を記述しながら進めることができます。

セルへの入力や実行は2.3節や2.4節で紹介したJupyter Notebookに近い感覚で利用できます。

図2.47：KaggleのNotebook

Kaggleの環境において、本書で必要な各種ライブラリはほぼインストールされていますが、必要な場合は該当する箇所でインストール方法を紹介します。

作成したNotebookをダウンロードする

　Kaggle上で作成および実行したNotebookをダウンロードすることができます。具体的にはメニューから「File」（図2.48 ❶）→「Download」を選択すると❷、ファイルをダウンロードできます❸。

図2.48：Notebookのダウンロード

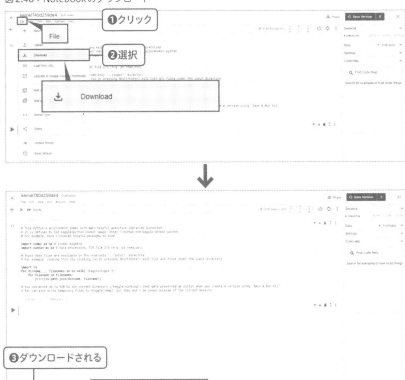

作成したNotebookをアップロードする

　逆にローカルやクラウドで作成したNotebookをアップロードすることもできます。メニューから「File」（図2.49 ❶）→「Upload」を選択して❷、ファイルを選択し❸、［開く］をクリックすると❹、アップロードできます。その都度、使い分けてください。

図2.49：Notebookのアップロード

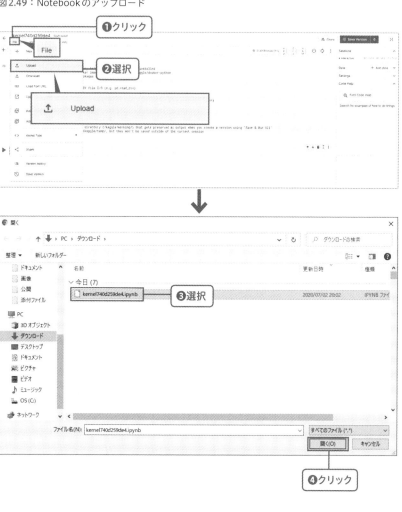

利用しているパソコンに合わせて、
分析環境を選んでみよう！

Kaggle コンペにチャレンジ① :
Titanic コンペ

ここからは、Kaggle で開催されている実際のコンペのデータを用いて、具体的なデータ分析の中身について解説していきます。まずは、Kaggle におけるチュートリアル的な位置付けのコンペであり、多くの人が最初に取り組む Titanic:Machine Learning from Disaster というコンペを題材とします。本コンペは練習用コンペであり、賞金、メダルは対象外となります。

基礎知識	課題	挑戦

3.1 Kaggleを通して実際の データ分析フローに触れる

　本章を通して、**あるデータに対して、どのように中身を確認・分析し、そ**こから**何を導き出してどのようにアクションにつなげていくか**を学んでいきます。

　本章で学ぶことは次の通りです。

・実際のデータ分析のフロー

- データ分析のための具体的な Python コード
- 追加分析❶：乗客をクラスタごとに分類する
- 追加分析❷：ある特定のターゲットに注目する

まずは本章の流れを
つかんでおこう！

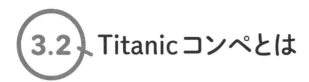

3.2 Titanicコンペとは

本章で取り上げる**Titanic:Machine Learning from Disaster**（ **URL** https://www.kaggle.com/c/titanic）の中身について解説します（図3.1）。

図3.1：Titanicコンペ。2020年5月時点ではLeaderboardが21,282人と多くの人が参加している初心者向けの練習用コンペ

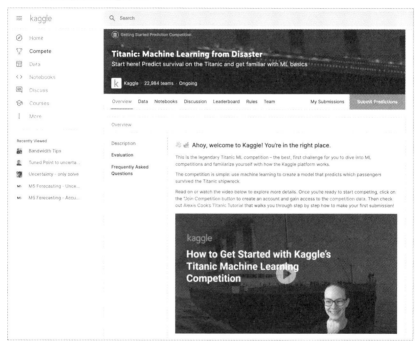

　このコンペは、1912年に起きた**タイタニック号沈没事故**を題材にしたものとなります。

　タイタニック号沈没事故は、2,224名の乗客のうち、1,502名が死亡した、当時としては類をみない海難事故でした。

　本コンペでは、乗客ごとに性別や年齢、乗船チケットクラスなどのデータが、生存したか死亡したかのフラグとともに与えられております。生死に影響する属性の傾向をデータから分析し、生死がわからない（予測用に隠され

ている）乗客について、生死結果を予測することが目的となります（図3.2）。

図3.2：乗客の属性から生死結果を予測する

なお、タイタニック号の乗客データは、**データ分析のベンチマークデータセット**（分析手法の比較のための公開データセット）として有名です。そのため、ネット上には、様々な解法や、さらには正解データが公開されています。実際、KaggleのLeaderboardには、予測結果の精度が全正解を表す1.0であるものが上位を占めております。あくまで学習用のものであり、データ分析の流れをつかむためのコンペとお考えください（図3.3、図3.4）。

図3.3：2020年5月時点のTitanicコンペの上位陣の予測精度。全正解の投稿も散見される

Public Leaderboard　　Private Leaderboard

This leaderboard is calculated with approximately 50% of the test data.
The final results will be based on the other 50%, so the final standings may be different.

⬇ Raw Data　↻ Refresh

#	Team Name	Notebook	Team Members	Score ❷	Entries	Last
1	Ali Arsalan Ansari			1.00000	3	2mo
2	ryanxjhan			1.00000	1	2mo
3	Deepak velmurugan			1.00000	2	2mo
4	Chinmay Jain767			1.00000	11	2mo
5	Manick Vel			1.00000	4	2mo
6	fasal			1.00000	8	2mo
7	MrHouse			1.00000	2	2mo
8	Reza Ghari			1.00000	5	2mo
9	Muhammad Ahmed			1.00000	2	2mo
10	Taaha Khan			1.00000	1	2mo
11	janv			1.00000	1	2mo
12	piotr 3			1.00000	3	2mo
13	Tsotne Gamsakhurdashvili			1.00000	16	1mo
14	Muhammad R			1.00000	1	2mo

図3.4：2020年5月時点のTitanicコンペのLeaderboard上の予測精度の分布

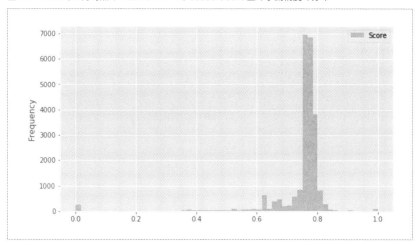

3.3 データを取得する

　まずはデータを取得します。Kaggleのデータを取得し、結果を投稿するにはコンペに参加する必要があります。

　Kaggleにサインインして（手順は第2章の2.6節を参照）、Titanic:Machine Learning from Disasterのコンペのページにアクセスし、コンペ概要をよく読んでルールを理解したら、右上の「Join Competition」をクリックしましょう（図3.5❶）。「Please read and accept the competition rules」の画面が表示されたら「I Understand and Accept」をクリックします❷。

図3.5：「Join Competition」をクリック

コンペに参加したら、「Data」タブをクリックしましょう（図3.6❶）。Overview、Data Dictionaryなどのデータの説明に続き、下にスクロールしていくと次の3つのデータがあります。ローカル環境で分析を行う場合、これらのデータをダウンロードして、利用することができます❷。Kaggleにログインしてコンペサイトから Notebook を作成する場合、ダウンロードする必要はありません。

- gender_submission.csv（sample submission データ）
- train.csv（学習データ）
- test.csv（テストデータ）

ダウンロードするには、「Download All」をクリックして❸、データをダウンロードします。titanic.zip という名前でダウンロードされますので、解凍しておきます。

図3.6：「Data」タブのページ内の「Download All」をクリックしてデータ（titanic.zip）をダウンロード

titanic.zip に含まれている「gender_submission.csv」「train.csv」「test.csv」の3つがKaggleにおける一般的なデータセットとなります。

train.csvには、Sex（性別）、Age（年齢）など様々な説明変数とともに、予測すべき目的変数である「Survived（生存フラグ）」が含まれております。

test.csvには、train.csvと同様の形式で説明変数が含まれていますが、目的変数である「Survived」はありません（**図3.7**）。

図3.7：train.csv（学習データ）、test.csv（テストデータ）の中身（Pythonのプログラムを利用してDataFrame形式で読み込んだもの）

train_df

	PassengerId	Survived	Pclass	Name	Sex	Age	SibSp	Parch	Ticket	Fare	Cabin	Embarked
0	1	0	3	Braund, Mr. Owen Harris	male	22.0	1	0	A/5 21171	7.2500	NaN	S
1	2	1	1	Cumings, Mrs. John Bradley (Florence Briggs Th...	female	38.0	1	0	PC 17599	71.2833	C85	C
2	3	1	3	Heikkinen, Miss. Laina	female	26.0	0	0	STON/O2. 3101282	7.9250	NaN	S
3	4	1	1	Futrelle, Mrs. Jacques Heath (Lily May Peel)	female	35.0	1	0	113803	53.1000	C123	S
4	5	0	3	Allen, Mr. William Henry	male	35.0	0	0	373450	8.0500	NaN	S
...	...	...	...	...	...	...	...	...	...	...	...	...
886	887	0	2	Montvila, Rev. Juozas	male	27.0	0	0	211536	13.0000	NaN	S
887	888	1	1	Graham, Miss. Margaret Edith	female	19.0	0	0	112053	30.0000	B42	S
888	889	0	3	Johnston, Miss. Catherine Helen "Carrie"	female	NaN	1	2	W./C. 6607	23.4500	NaN	S
889	890	1	1	Behr, Mr. Karl Howell	male	26.0	0	0	111369	30.0000	C148	C
890	891	0	3	Dooley, Mr. Patrick	male	32.0	0	0	370376	7.7500	NaN	Q

891 rows × 12 columns

test_df

	PassengerId	Pclass	Name	Sex	Age	SibSp	Parch	Ticket	Fare	Cabin	Embarked
0	892	3	Kelly, Mr. James	male	34.5	0	0	330911	7.8292	NaN	Q
1	893	3	Wilkes, Mrs. James (Ellen Needs)	female	47.0	1	0	363272	7.0000	NaN	S
2	894	2	Myles, Mr. Thomas Francis	male	62.0	0	0	240276	9.6875	NaN	Q
3	895	3	Wirz, Mr. Albert	male	27.0	0	0	315154	8.6625	NaN	S
4	896	3	Hirvonen, Mrs. Alexander (Helga E Lindqvist)	female	22.0	1	1	3101298	12.2875	NaN	S
...	...	...	...	...	...	...	...	...	...	...	...
413	1305	3	Spector, Mr. Woolf	male	NaN	0	0	A.5. 3236	8.0500	NaN	S
414	1306	1	Oliva y Ocana, Dona. Fermina	female	39.0	0	0	PC 17758	108.9000	C105	C
415	1307	3	Saether, Mr. Simon Sivertsen	male	38.5	0	0	SOTON/O.Q. 3101262	7.2500	NaN	S
416	1308	3	Ware, Mr. Frederick	male	NaN	0	0	359309	8.0500	NaN	S
417	1309	3	Peter, Master. Michael J	male	NaN	1	1	2668	22.3583	NaN	C

418 rows × 11 columns

学習データおよびテストデータの他、Kaggleに投稿するためのデータ形式の例として、通常、**sample submissionファイル**が含まれています。

Titanicコンペではgender_submission.csvがsample submissionに該当します。このファイルは、乗客ID（PassengerId）ごとに、生存フラグSurvivedが入力されており、投稿する際のファイル形式を確認できます。sample submissionは、固定の値が入っているものが多いですが、今回の

コンペでは、単純に性別によって生存・死亡を分けたものが、sample submissionとなっています（図3.8）。

図3.8：gender_submissionデータの中身
　　　　（Pythonのプログラムを利用してDataFrame形式で読み込んだもの）

submission

	PassengerId	Survived
0	892	0
1	893	1
2	894	0
3	895	0
4	896	1
...	...	...
413	1305	0
414	1306	1
415	1307	0
416	1308	0
417	1309	0

418 rows × 2 columns

データを眺めると
いろいろなことがわかるね。

3.4 データ分析の準備をする

本節からはデータ分析の準備をします。

［手順1］データの分析環境を起動する

ローカル環境で分析する場合、まずは分析するフォルダを決めてそこに3.3節でダウンロードしたデータを置きます。

Anaconda（Windows）の仮想環境の場合

Anacondaの場合、Windowsのメニューから「スタート」（図3.9❶）→「Anaconda3（64-bit）」❷→「Anaconda Navigater」❸を選択して起動します。

「Environments」をクリックして❹、第2章の2.4節で作成しておいた仮想環境名（kaggle_book）の右の「▶」をクリックして❺、「Open with Jupyter Notebook」を選択します❻。

図3.9：Anaconda Navigaterから Jupyter Notebook を起動

macOSの環境の場合

　macOSの場合、ターミナルから`cd`コマンドで、該当のフォルダに移動し（「`cd Documents/（ディレクトリ名）`」を実行）（図3.10❶）、「`jupyter notebook`」と入力して❷、Jupyter Notebookを立ち上げます。

図3.10：ターミナルからJupyter Notebookを起動（`cd`コマンド以降は、各自の環境での分析を
　　　　実行するフォルダ名）

Kaggleの場合

　Kaggleの場合は、先ほど説明したようにTitanic:Machine Learning from Disaster（ URL https://www.kaggle.com/c/titanic)にアクセスして、ログインし❶（図3.11、ログインの手順は第2章の2.6節を参照）、「Join Competition」をクリックした後の状態にします❷。

図3.11：KaggleのTitanic:Machine Learning from Disasterのサイトにアクセスしてログイン
　　　　し、「Join Competition」をクリックした後の状態
URL https://www.kaggle.com/c/titanic

［手順2］ 新規ファイルを作成する

新規ファイルを作成する
（Anaconda（Windows）、macOSの場合）

　Jupyter Notebookの画面が立ち上がったら、右上の「New」（図3.12❶）から「Python3」を選択します❷。するとブラウザが起動します（メモ参照）。

メモ　**起動するブラウザについて：**

通常、自動デフォルトで設定されているブラウザが起動し（Windowsの場合は
Microsoft Edge、macOSの場合はSafariがデフォルトで設定されているケー
スが多いです）、ブラウザ上で新規タブとして起動しますが、もしブラウザ上で
起動しない場合、Anacondaのプロンプト、またはターミナル上で表示される
URLをコピーし、ブラウザのURLの欄にペーストしてください。

図3.12：新規Notebookの作成

　デフォルトでは、ノートブックの名前は「Untitled」となっていますので
名前をクリックして（図3.13❶）、「kaggle_titanic」などわかりやすい名前
に変更して❷、「Rename」をクリックし、保存します❸。

図3.13：NotebookのRename。左上のJupyterロゴの横のタイトルをクリックするとNotebook
名を変更可能

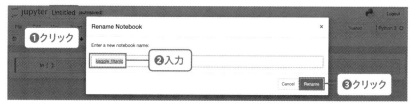

新規ファイルを作成する（Kaggleの場合）

　Kaggle上で新たにNotebookを作成する場合は、ページ右上の「New
Notebook」をクリックします（図3.14❶）。「Select language」でNootebook
の言語として「Python」を選択します❷。「Select type」で「Notebook」を
選択します❸。「SHOW ADVANCED SETTINGS」のオプションをクリックし

て展開し（「SHOW ADVANCED SETTINGS」をクリックすると「HIDE ADVANCED SETTINGS」という表示になります）❹、特に設定せず（「Enable Google Cloud Services」は「off」❺、「Accelerator」は「None」❻を選択した状態）、「Create」をクリックします❼。しばらく待つと、実行準備が整います。左上のファイル名をクリックして「kaggle_titanic」などわかりやすい名前に変更します❽。

図3.14：Kaggleにおける新規ファイルの作成

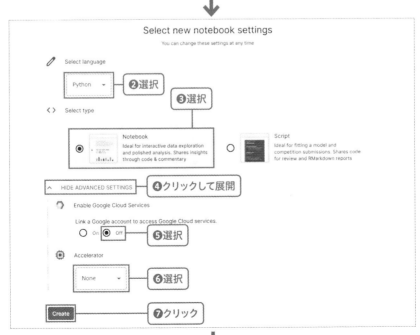

（図3.14　続き）

［手順3］ ディレクトリ構成を確認する

ディレクトリ構成（Anaconda（Windows）、macOSの場合）

　Anaconda（Windows）とmacOSの場合、本書におけるディレクトリ構造は、図3.15、図3.16となります。「titanic」フォルダの中に「data」というフォルダを作成し、先ほどダウンロードした各種データを格納しています。現時点では「submit」というフォルダは空となります。第3章の3.8節でこのフォルダに、Kaggleへ投稿するファイルを書き出していきます。なお以降は、この通りにデータが配置されているものとします。

図3.15：Anaconda（Windows）の仮想環境の場合

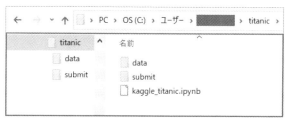

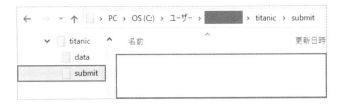

図3.16：macOSの環境の場合

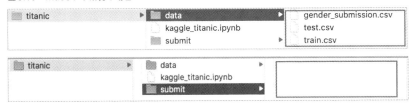

ディレクトリ構成（Kaggleの場合）

　Kaggleの場合、コンペサイト（ URL https://www.kaggle.com/c/titanic）
で「Join Competition」をクリックした後に新しいNotebookを作成して
いるので、すでに各種データがアップロードされています（図3.17）。ディ
レクトリ構成についてはKaggleの場合、デフォルトのままとします。

図3.17：ディレクトリ構成（Kaggleの場合）

［手順4］ ライブラリをインストール・インポートする
Anaconda（Windows）、macOSの場合

　Juyter Notebookを起動し、新規のNotebookを作成したら、必要な

Pythonのライブラリをインストールして、プログラム内にインポートします。ここからは、必要に応じてライブラリを追加します。まずは**pandas**と**NumPy**の2つのライブラリです。

　pandasは**DataFrame（データフレーム）**と呼ばれる数表などのデータ構造を扱うためのライブラリです。NumPyは数理計算を行うためのライブラリです。

　Anaconda Navigaterから起動したコマンドプロンプト（Windowsの）もしくはターミナル（macOS）を起動し、次のpipコマンドを実行して、pandasとNumPy[1]のライブラリをインストールします。

コマンドプロンプト/ターミナル [2]

```
pip install pandas
```

メモ

pipコマンドでバージョンを指定してインストールする場合：
pipコマンドでバージョンを指定してインストールする場合は、`pip install`（ライブラリ名）`==`（バージョン名）のコマンドでインストールできます。

メモ

Notebook上でpipコマンドを実行する場合：
直接Notebook上でpipコマンドを実行することもできます。その場合、冒頭に「!」を付けます（例：!pip install pandas）。ただし、インストール実行中に「yes/no」の入力が必要なパッケージなどもあるので、コマンドプロンプト/ターミナル上での実行を推奨します。

　ライブラリをインストールしたら、**リスト3.1**のコードを実行して、ライブラリをプログラム内にインポートします。asの後に記載しているのは省略名となり、このコード以降、pandas内の処理を行う際に、**pandas.処理**と記載しなくても、**pd.処理**と記載すれば実行可能になります。

※1　pandasのライブラリをインストールするとNumPyのライブラリもインストールされます。
※2　「コマンドプロンプト/ターミナル」の併記の場合、コマンドプロンプトの>およびターミナルの$の開始記号は省略します。

リスト3.1　ライブラリのインポート

```
In
import pandas as pd
import numpy as np
```

Kaggleの場合

　Kaggleの場合、pandas、NumPyのライブラリはすでにインストールされていますので、追加する必要はありません。なおKaggleのNotebookはデフォルトで1つ目のセルに**リスト3.1**の内容を含むコードが記載されているため、pandas、NumPyをインポートするには1つ目のセルを実行します（詳しくはP.082を参照）。

［手順5］データを読み込む

Anaconda（Windows）、macOSの場合

　ライブラリのインストールとインポートをしたら、データを読み込みます。

　pandasでCSVファイルを読み込むには、`pd.read_csv(ファイル名)`と入力します。ファイル名は、Jupyter Notebookを実行する環境からの相対パスを含めて記載します。

　例えばtrain.csvファイルを読み込みたい場合、現状のJupyter Notebookを実行している環境の中の「data」フォルダの中にあるtrain.csvとなりますので、「`./data/train.csv`」となります。読み込んだ結果を`train_df`などのように、任意のデータ名で保持しておきましょう（**リスト3.2**）。

リスト3.2　データの読み込み

```
In
train_df = pd.read_csv("./data/train.csv")
test_df = pd.read_csv("./data/test.csv")
submission = pd.read_csv("./data/gender_submission.csv")
```

　正常に読み込めていれば、Notebook上で、各データ名を入力すると（リスト3.3、3.4、3.5）、データの概要が表示されます。pandasで読み込んだデータはDataFrame形式と呼ばれる、`index`（行名）と`column`（列名）を持つ数表となります。

リスト3.3　train.csvのデータの概要を表示

In
```
train_df
```

Out

	PassengerId	Survived	Pclass	Name	Sex	Age	SibSp	Parch	Ticket	Fare	Cabin	Embarked
0	1	0	3	Braund, Mr. Owen Harris	male	22.0	1	0	A/5 21171	7.2500	NaN	S
1	2	1	1	Cumings, Mrs. John Bradley (Florence Briggs Th...	female	38.0	1	0	PC 17599	71.2833	C85	C
2	3	1	3	Heikkinen, Miss. Laina	female	26.0	0	0	STON/O2. 3101282	7.9250	NaN	S
3	4	1	1	Futrelle, Mrs. Jacques Heath (Lily May Peel)	female	35.0	1	0	113803	53.1000	C123	S
4	5	0	3	Allen, Mr. William Henry	male	35.0	0	0	373450	8.0500	NaN	S
...	...	...	...	...	...	...	...	...	...	...	...	...
886	887	0	2	Montvila, Rev. Juozas	male	27.0	0	0	211536	13.0000	NaN	S
887	888	1	1	Graham, Miss. Margaret Edith	female	19.0	0	0	112053	30.0000	B42	S
888	889	0	3	Johnston, Miss. Catherine Helen "Carrie"	female	NaN	1	2	W./C. 6607	23.4500	NaN	S
889	890	1	1	Behr, Mr. Karl Howell	male	26.0	0	0	111369	30.0000	C148	C
890	891	0	3	Dooley, Mr. Patrick	male	32.0	0	0	370376	7.7500	NaN	Q

891 rows × 12 columns

リスト3.4　test.csvのデータの概要を表示

In
```
test_df
```

Out

	PassengerId	Pclass	Name	Sex	Age	SibSp	Parch	Ticket	Fare	Cabin	Embarked
0	892	3	Kelly, Mr. James	male	34.5	0	0	330911	7.8292	NaN	Q
1	893	3	Wilkes, Mrs. James (Ellen Needs)	female	47.0	1	0	363272	7.0000	NaN	S
2	894	2	Myles, Mr. Thomas Francis	male	62.0	0	0	240276	9.6875	NaN	Q
3	895	3	Wirz, Mr. Albert	male	27.0	0	0	315154	8.6625	NaN	S
4	896	3	Hirvonen, Mrs. Alexander (Helga E Lindqvist)	female	22.0	1	1	3101298	12.2875	NaN	S
...	...	...	...	...	...	...	...	...	...	...	...
413	1305	3	Spector, Mr. Woolf	male	NaN	0	0	A.5. 3236	8.0500	NaN	S
414	1306	1	Oliva y Ocana, Dona. Fermina	female	39.0	0	0	PC 17758	108.9000	C105	C
415	1307	3	Saether, Mr. Simon Sivertsen	male	38.5	0	0	SOTON/ O.Q. 3101262	7.2500	NaN	S
416	1308	3	Ware, Mr. Frederick	male	NaN	0	0	359309	8.0500	NaN	S
417	1309	3	Peter, Master. Michael J	male	NaN	1	1	2668	22.3583	NaN	C

418 rows × 11 columns

リスト3.5　gender_submission.csvのデータの概要を表示

`In`

```
submission
```

`Out`

```
     PassengerId  Survived
0            892         0
1            893         1
2            894         0
3            895         0
4            896         1
...          ...       ...
413         1305         0
414         1306         1
415         1307         0
416         1308         0
417         1309         0
418 rows × 2 columns
```

Kaggle上でTitanicコンペのページ以外からNotebookを作成する場合（データのアップロードと読み込み）

Kaggle上でTitanicコンペのページ（Titanic:Machine Learning from Disaster）以外からデータの読み込みを実行する場合は、Kaggle上でNotebookを新規に立ち上げた後、画面右上の「Data」タブの「+Add data」をクリックします（図3.18）。

図3.18：「Data」タブの「+Add data」をクリック

すると、ユーザ自身のデータをアップロードするか、コンペデータを利用するかなどを選択できます（図3.19）。ここでは「Competition Data」を選択し❶、「Taitanic：Machine Learning from Disaster」の「Add」をクリックします❷。

図3.19：「Taitanic：Machine Learning from Disaster」の「Add」をクリック

一見、画面上に変化はないのですが（図3.20）、画面右上の「Data」タブをクリックすると❶、「input」フォルダの中に「titanic」というフォルダが新規で作成されており、フォルダ左の「>」をクリックすると（クリックすると「∨」に変わる）❷、そのフォルダの中に、必要なデータが入っていることがわかります❸。

なお、Kaggle上でpandas、NumPy（およびos）のインポートは、1つ目のセルを選択し❹、[Shift] + [Enter] キーあるいは画面上部の「▶」をクリックします❺。すると1つ目の、セルのコードが実行され、pandas、NumPy、およびosがインポートされます。

図3.20：「titanic」フォルダのデータを確認

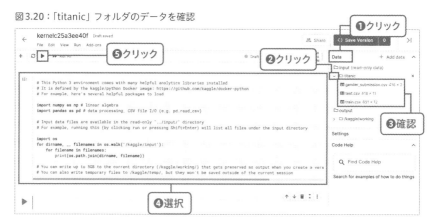

　それでは、データを読み込んでみましょう。リスト3.6のようにKaggle上のディレクトリを指定してデータを読み込みます。この後、前述のリスト3.3と同じコードを実行してください。

リスト3.6　Kaggle上のディレクトリを指定してデータを読み込む

```
In  train_df = pd.read_csv("../input/titanic/train.csv")
    test_df = pd.read_csv("../input/titanic/test.csv")
    submission = pd.read_csv("../input/titanic/gender_➡
    submission.csv")
```

　リスト3.3を実行すると図3.21のように無事データを読み込むことができます。前述のリスト3.4と3.5と同じコードも実行して、データの内容を確かめてください。

図3.21：Kaggle上でのDataの読み込みの実行

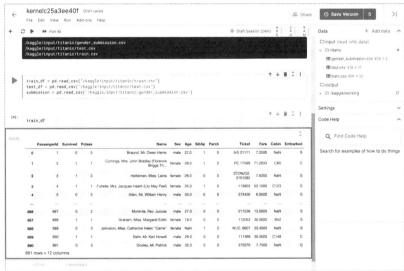

　リスト3.7以降のデータ分析の手順は、Anaconda（Windows）、macOS（ローカル環境）、Kaggle（ブラウザ）のどの環境を用いても共通の手順となります。ただし、CSVへの書き出しについてはディレクトリの指定方法が異なりますので、P.143～144ページのリスト3.73、3.74を参照してください。

［手順6］ ランダムシードを設定する

以降の処理を進める前に、**ランダムシード**と呼ばれるものを設定しておきます。ランダムシードとは乱数を生成するための種となります。ランダムシードを固定の値に設定することで、固定の乱数を返すようになります。今回のように比較的少数のデータの場合、乱数の値によって結果が大きく変わってしまうことが起こり得ます。そのため、**リスト3.7**のように、乱数生成のための値を固定しておきます。なお、ランダムシードの値に特に意味はないため、任意の値を設定しても問題ありません。

リスト3.7　ランダムシードの設定

In
```
import random
np.random.seed(1234)
random.seed(1234)
```

> メモ
>
> **筆者の用意したKaggleの環境：**
> 本書で紹介するすべてのプログラムをまとめたNotebookを筆者のKaggle Kernelとして下記にアップしておきます。参照してください（図3.22）。
>
> ・筆者の用意したサンプルコード
> URL https://www.kaggle.com/mirandora/titanic-tutorial-code

図3.22：titanic_tutorial_code

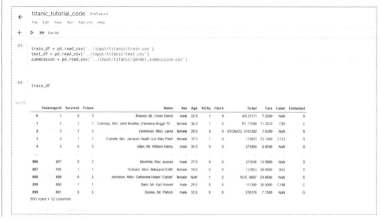

3.5 データの概要を把握する

　本節からは、読み込んだデータについて、様々な視点から全体像を把握していきます。この節と次の可視化の節のような手順を、**探索的データ解析**（**Exploratory data analysis：EDA**）と呼びます。Kaggle上のNotebookで「EDA」を含むようなタイトルのものは、データの概要を可視化などを用いて分析していることを表します。

データ数を確認する

　まずは、データ数を確認します。DataFrameに対して**DataFrame名.shape**と入力すると、行数、列数が表示されます（**リスト3.8**）。

リスト3.8　行数、列数の表示

```
In
print(train_df.shape)
print(test_df.shape)
```

```
Out
(891, 12)
(418, 11)
```

　上記の結果から、学習データは891行で12列のデータ、テストデータは418行で目的変数（Survived）を除く11行のデータとわかります。

データの先頭行を確認する

　続いて、具体的な中身を確認します。train/testの先頭を表示してみましょう。**DataFrame名.head()**で、先頭の数行を表示させることができます（**リスト3.9**）。**head**の括弧の中に数字を指定することで、表示する行数を指定することができます。例えば**DataFrame名.head(10)**とすると10行表示されます。ただし、デフォルトでpandasの表示行数には上限があり、それを超えた数は指定しても無視されます。もし行数あるいは列数の表示上限を上げたい場合は**pd.set_option()**の**"display.max_columns"**と**"display.max_rows"**でそれぞれ希望する行数を入れてください。

リスト3.9　データの中身の確認

In
```
pd.set_option("display.max_columns", 50)
pd.set_option("display.max_rows", 50)
```

In
```
train_df.head()
```

Out

	PassengerId	Survived	Pclass	Name	Sex	Age	SibSp	Parch	Ticket	Fare	Cabin	Embarked
0	1	0	3	Braund, Mr. Owen Harris	male	22.0	1	0	A/5 21171	7.2500	NaN	S
1	2	1	1	Cumings, Mrs. John Bradley (Florence Briggs Th...	female	38.0	1	0	PC 17599	71.2833	C85	C
2	3	1	3	Heikkinen, Miss. Laina	female	26.0	0	0	STON/O2. 3101282	7.9250	NaN	S
3	4	1	1	Futrelle, Mrs. Jacques Heath (Lily May Peel)	female	35.0	1	0	113803	53.1000	C123	S
4	5	0	3	Allen, Mr. William Henry	male	35.0	0	0	373450	8.0500	NaN	S

In
```
test_df.head()
```

Out

	PassengerId	Pclass	Name	Sex	Age	SibSp	Parch	Ticket	Fare	Cabin	Embarked
0	892	3	Kelly, Mr. James	male	34.5	0	0	330911	7.8292	NaN	Q
1	893	3	Wilkes, Mrs. James (Ellen Needs)	female	47.0	1	0	363272	7.0000	NaN	S
2	894	2	Myles, Mr. Thomas Francis	male	62.0	0	0	240276	9.6875	NaN	Q
3	895	3	Wirz, Mr. Albert	male	27.0	0	0	315154	8.6625	NaN	S
4	896	3	Hirvonen, Mrs. Alexander (Helga E Lindqvist)	female	22.0	1	1	3101298	12.2875	NaN	S

　各列の値が何を意味するかはKaggleのTitanicコンペにおけるDataページ中のData Descriptionから確認できます（表3.1）。

表3.1：各列の値の意味

Variable（変数名）	Definition（定義）	Key（列の値の意味）
Survived	生存したか死亡したか	0 = No（死亡）、1 = Yes（生存）
Pclass	チケットの階級	1 = 1st（1等席）、2 = 2nd（2等席）、3 = 3rd（3等席）
Sex	性別	
Age	年齢	

Variable（変数名）	Definition（定義）	Key（列の値の意味）
SibSp	乗船している兄弟や配偶者の数	
Parch	乗船している親や子供の数	
Ticket	チケット番号	
Fare	チケット料金	
Cabin	部屋番号	
Embarked	乗船した港	C = Cherbourg、Q = Queenstown、S = Southampton

データの型を確認する

　データの型も確認しておきましょう。型とは、そのデータが数値なのか文字列なのかなどを表すものであり、数値には、整数である int 型や、小数である float 型があります。int や float の後の数字は bit 数を表し、数が大きいほど表現できる数の範囲が大きくなります。DataFrame名.dtypes で、データ内の各列の値の型を参照することができます（リスト3.10）。

リスト3.10　データ内の各列の値の型を参照

In
```
train_df.dtypes
```

Out
```
PassengerId     int64
Survived        int64
Pclass          int64
Name            object
Sex             object
Age             float64
SibSp           int64
Parch           int64
Ticket          object
Fare            float64
Cabin           object
Embarked        object
dtype: object
```

参照結果を見てみるとName、Sex、Ticket、Cabin、Embarkedは
object型（文字列など）、それ以外はintやfloatの数値データのよう
です。

ただし、数値データについては注意が必要です。一般的に数値データには、
質的変数、**量的変数**という2種類のものがあります（表3.2）。

質的変数とは、「分類のための数値であり、間隔には意味がないもの」と
なります。Pclass（チケットクラス）、などの数値データは、質的変数と
なります。質的変数はさらに**名義尺度**と**順序尺度**に分類することができます。

名義尺度は「分類のためのもの」であり、部屋番号やチケット番号のよう
なものとなります（今回のデータでは、部屋やチケットは数字だけではなく
アルファベットも組み合わさっているため、そもそも文字列となります）。

順序尺度は、質的変数の中でも特に「順序に意味があるもの」であり、今
回のデータではチケット階級のデータが該当します。

一方、量的変数は、Age（年齢）、Fare（チケット料金）のようなもので
あり「間隔に意味がある数値」となります。量的変数はさらに**間隔尺度**と**比
例尺度**に分類できます。

間隔尺度とは、「等間隔の目盛りのデータ」を表します。一方、比例尺度
とは「間隔尺度の条件を満たすもののうち、さらに原点があり、データの比
率に意味があるもの」となります。Fare（チケット料金）は比例尺度です。
3ドルのチケットは「1ドルのチケットより3倍高い」と言えます。

表3.2：質的変数、量的変数の区分

		概要	例
質的変数	名義尺度	分類のためのもの	生存フラグ（部屋番号、チケット番号　※今回は文字列）
	順序尺度	順序に意味があるもの	チケット階級
量的変数	間隔尺度	目盛りが等間隔のもの	（※今回のデータ中にはないが、気温など）
	比例尺度	比率に意味があるもの	年齢、チケット料金、家族の人数

データの統計量を確認する

数値データについてひとまず概要を把握してみましょう。DataFrame
名.describe()で数値データ列について、平均や分散などの各統計情報

を確認することができます（リスト3.11、3.12）。上から、count（データの個数）、mean（平均）、std（標準偏差）、min（最小値）、25%（1/4分位数）、50%（中央値）、75%（3/4分位数）、max（最大値）を意味します。

リスト3.11　train.csvの数値データの概要を確認

In
```
train_df.describe()
```

Out

	PassengerId	Survived	Pclass	Age	SibSp	Parch	Fare
count	891.000000	891.000000	891.000000	714.000000	891.000000	891.000000	891.000000
mean	446.000000	0.383838	2.308642	29.699118	0.523008	0.381594	32.204208
std	257.353842	0.486592	0.836071	14.526497	1.102743	0.806057	49.693429
min	1.000000	0.000000	1.000000	0.420000	0.000000	0.000000	0.000000
25%	223.500000	0.000000	2.000000	20.125000	0.000000	0.000000	7.910400
50%	446.000000	0.000000	3.000000	28.000000	0.000000	0.000000	14.454200
75%	668.500000	1.000000	3.000000	38.000000	1.000000	0.000000	31.000000
max	891.000000	1.000000	3.000000	80.000000	8.000000	6.000000	512.329200

リスト3.12　test.csvの数値データの概要を確認

In
```
test_df.describe()
```

Out

	PassengerId	Pclass	Age	SibSp	Parch	Fare
count	418.000000	418.000000	332.000000	418.000000	418.000000	417.000000
mean	1100.500000	2.265550	30.272590	0.447368	0.392344	35.627188
std	120.810458	0.841838	14.181209	0.896760	0.981429	55.907576
min	892.000000	1.000000	0.170000	0.000000	0.000000	0.000000
25%	996.250000	1.000000	21.000000	0.000000	0.000000	7.895800
50%	1100.500000	3.000000	27.000000	0.000000	0.000000	14.454200
75%	1204.750000	3.000000	39.000000	1.000000	0.000000	31.500000
max	1309.000000	3.000000	76.000000	8.000000	9.000000	512.329200

　概ね、学習データ、テストデータで含まれているデータの分布に大きな違いはないように見えます。各項目の分布については3.6節で可視化して詳細を確認してみましょう。

カテゴリ変数を確認する

　カテゴリ変数についても、各変数にどのような値がどれくらい含まれているか見ておきます。DataFrame名 ["列名"] とすると、個別の列のみのデータを抽出することができます。DataFrameから特定の列に抜き出したデータ構造を **Series（シリーズ）** と言います。

　DataFrame名 ["列名"] .value_counts() とすることで、指定した列（Series）についてユニークな値、およびその出現回数を確認できます（リスト3.13）。

リスト3.13　各カテゴリ変数の確認

In
```python
train_df["Sex"].value_counts()
```

Out
```
male      577
female    314
Name: Sex, dtype: int64
```

In
```python
train_df["Embarked"].value_counts()
```

Out
```
S    644  ●━━━━━━━━━━  SはSouthampton
C    168  ●━━━━━━━━━━  CはCherbourg
Q     77  ●━━━━━━━━━━  QはQueenstown
Name: Embarked, dtype: int64
```

In
```python
train_df["Cabin"].value_counts()
```

Out
```
C23 C25 C27    4
G6             4
B96 B98        4
F2             3
D              3
              ..
```

```
B82 B84        1
C70            1
C7             1
B4             1
D46            1
Name: Cabin, Length: 147, dtype: int64
```

　男性が女性の2倍ほど多い、Southamptonから乗船した客がもっとも多いということがわかります。一方、Cabin（部屋番号）については、スペース区切りで複数の部屋番号が記載されているようで、もし分析に使用するにしても注意が必要そうです。

　なお、リスト3.13の出力結果のような値は、（次節で解説する）可視化をしたほうがわかりやすい場合があります。数字の確認とともに可視化もするようにしましょう。

欠損値を確認する

　次に各変数に欠損値（値が入っていないもの）があるか確認しておきます。DataFrame名.isnull()で、各行・列の値ごとにnull（値が入っていない状態）かどうかを判定、DataFrame名.sum()で各行の値を合計することができます。DataFrame名.isnull().sum()で各変数の欠損値の数を確認できます（リスト3.14）。

リスト3.14　各変数の欠損値の確認

In
```
train_df.isnull().sum()
```

Out
```
PassengerId        0
Survived           0
Pclass             0
Name               0
Sex                0
Age              177
SibSp              0
```

```
Parch              0
Ticket             0
Fare               0
Cabin            687
Embarked           2
dtype: int64
```

In

```
test_df.isnull().sum()
```

Out

```
PassengerId        0
Pclass             0
Name               0
Sex                0
Age               86
SibSp              0
Parch              0
Ticket             0
Fare               1
Cabin            327
Embarked           0
dtype: int64
```

　学習データ、テストデータともにAgeおよびCabinについて欠損値が多く含まれていることが確認できます。その他、テストデータにおいて、Fareが1つ欠損しているようです。これらの欠損値をどのように扱うかは3.7節で検証しましょう。

3.6 データを可視化する

　本節からは、より詳細にデータの中身を確認するためにデータを**可視化**していきましょう。

可視化用のライブラリをインストール・インポートする

　Aanconda（Windows）のコマンドプロンプトもしくはmacOSのターミナル上で可視化用のライブラリのmatplotlibとseabornをインストールします（最新のmatplotlibのバージョンの場合、**リスト3.24**でエラーが表示される場合がありますので、P.v-viの環境に合わせて、`pip install matplotlib==3.2.2`（もしくは**3.1.2**）とし、バージョンを指定してインストールしてください）。

コマンドプロンプト/ターミナル

```
pip install matplotlib
pip install seaborn
```

　次に、Notebook上で、可視化の結果を表示するために必要なライブラリをインポートします（**リスト3.15**）。

　matplotlibはグラフ描画用のライブラリであり、1行目の`%matplotlib inline`はJupyter Notebook内にグラフを表示するための記述となります。

　seabornはさらに様々なデータを可視化するためのライブラリとなります。

リスト3.15　データを可視化するライブラリのインポート

```
%matplotlib inline
import matplotlib.pyplot as plt
import seaborn as sns
```

表示結果の書式を指定する

　また、表示結果を綺麗にするために、書式を指定しておきます。ここでは広く使われている**ggplot**という書式を指定しておきます（**リスト3.16**）。なお書式は好みもあるので、別の書式などもいろいろ試してみるとよいでしょう。

In
```
plt.style.use("ggplot")
```

Survivedに関するデータを可視化する

ここでは今回の目的変数であるSurvivedに関するデータを可視化していきます。

DataFrameから任意の列を抽出する

Survivedの値（生存:1、死亡:0）ごとに、各値に違いがあるかを確認します。

はじめにEmbarkedとSurvivedの関係を確認しましょう。学習データから、EmbarkedとSurvived、PassengerIdを抽出します。DataFrameから任意の列のみを抽出するには、DataFrame名[["任意の列"]]とします（リスト3.17）。

リスト3.17　DataFrameからEmbarked、Survived、PassengerIdの列を抽出

In
```
train_df[["Embarked","Survived","PassengerId"]]
```

Out

	Embarked	Survived	PassengerId
0	S	0	1
1	C	1	2
2	S	1	3
3	S	1	4
4	S	0	5
...	...	...	...
886	S	0	887
887	S	1	888
888	S	0	889
889	C	1	890

```
890        Q        0        891
891 rows × 3 columns
```

可視化したいデータから欠損値を除外する

取り急ぎ概要を把握したいので、欠損値を含む行を除去します。そのためにはDataFrame名.dropna()とします（リスト3.18）。

リスト3.18　可視化したいデータから欠損値を除外

```
In
train_df[["Embarked","Survived","PassengerId"]].dropna()
```

```
Out
     Embarked  Survived  PassengerId

 0       S        0           1
 1       C        1           2
 2       S        1           3
 3       S        1           4
 4       S        0           5
...      ...      ...         ...
886      S        0          887
887      S        1          888
888      S        0          889
889      C        1          890
890      Q        0          891
889 rows × 3 columns
```

EmbarkedとSurvivedの値で集計する

続いて、各行をEmbarkedとSurvivedの値で集計します。集計はDataFrame名.groupby(["集計したい列名"]).集計関数とします。

ここではEmbarked、Survivedごとにカウントしたいので、それらの変数をgroupbyの中に記述した後、count()で集計します（リスト3.19）。

リスト3.19　EmbarkedとSurvivedの値で集計

In
```
train_df[["Embarked","Survived","PassengerId"]].➡
dropna().groupby(["Embarked","Survived"]).count()
```

Out

		PassengerId
Embarked	Survived	
C	0	75
	1	93
Q	0	47
	1	30
S	0	427
	1	217

データを横持ちに変換する

リスト3.19で集計したDataFrameを可視化しやすいように変換しましょう。データの持ち方には**縦持ち**、**横持ち**があります。

縦持ちとは、**リスト3.19**のように、「Embarked」「Survived」「PassengerId（の数）」の値が縦に並んでいるものとなります。上から順に「Embarkedが C、Survivedが0のPassengerIdの数が75」「EmbarkedがC、Survivedが1のPassengerIdの数が93」…と続いております。

一方で、横持ちとは、特定のデータを横方向に持つものとなります。

具体的に横持ちのデータを作成して説明します。unstack()を用いて、縦持ちのデータを横持ちへ変換（ピボット）することができます。ここまでの処理を.（ピリオド）でつなげることで、一度に実行することができます（リスト3.20）。

リスト3.20 データを横持ちに変換

```
embarked_df = train_df[["Embarked","Survived","Passenger➡
Id"]].dropna().groupby(["Embarked","Survived"]).count().➡
unstack()
```

```
embarked_df
```

```
            PassengerId
Survived        0       1
Embarked
─────────────────────────
       C       75      93
       Q       47      30
       S      427     217
```

リスト3.20の出力結果は横持ちのデータとなります。上から順にEmbarked の値がC、Q、Sと並んでいますが、Survivedの値は横に0、1と並んで います。そして、縦のEmbarkedの値と横のSurvivedの値が交差する箇 所に、PassengerId（の数）の値が入っています。

Embarkedおよび、Survivedごとの（PassengerIdの）人数を集計でき ました。

積み上げ縦棒グラフで可視化する

リスト3.20の結果を積み上げ縦棒グラフで描画してみましょう。pandas のDataFrameを描画するには、DataFrame名.plot.描画形式としま す。ここでは積み上げ棒グラフを用いるので、embarked_df.plot. bar(stacked=True)とします（リスト3.21）。

リスト3.21 積み上げ縦棒グラフで可視化

```
embarked_df.plot.bar(stacked=True)
```

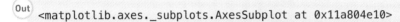

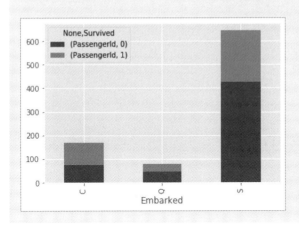

乗船港がC（Cherbourg）のものは生死が半々、Q（Queenstown）、S（Southampton）は、半数以上が死亡しているようです。もしかしたら乗船港によって、乗客のタイプや状態に何か違いがあるのかもしれません。

数値で確認する

上記を念のため数値でも把握しておきましょう。`DataFrame名.iloc[行番号,列番号]`で、任意の行・列を抽出できます。もし記載をしない場合、すべての行・列が対象となります。例えば、0列目のすべての行は`.iloc[:,0]`となります。よって、「0番目の列（死亡数）」を、「0番目（死亡数）と1番目（生存数）の列の合計」で割ったものを、新たに`survived_rate`という変数にするには、リスト3.22のようになります。

リスト3.22　新たにsurvived_rateという変数で数値を確認

```
embarked_df["survived_rate"]=embarked_df.iloc[:,0]/➡
(embarked_df.iloc[:,0] + embarked_df.iloc[:,1])
```

```
embarked_df
```

Out

	PassengerId		survived_rate
Survived	0	1	
Embarked			
C	75	93	0.446429
Q	47	30	0.610390
S	427	217	0.663043

性別やチケットの階級について可視化する

性別やチケットの階級についても同様に確認してみましょう（リスト3.23）。

リスト3.23 性別やチケットの階級を可視化

In
```
sex_df = train_df[["Sex","Survived","PassengerId"]].➡
dropna().groupby(["Sex","Survived"]).count().unstack()
sex_df.plot.bar(stacked=True)
```

Out
```
<matplotlib.axes._subplots.AxesSubplot at 0x11a9d8a50>
```

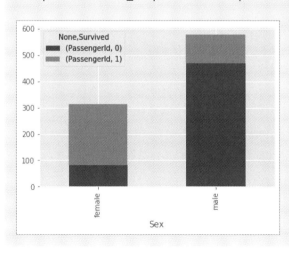

In
```
ticket_df = train_df[["Pclass","Survived","PassengerId"]]➡
.dropna().groupby(["Pclass","Survived"]).count().unstack()
ticket_df.plot.bar(stacked=True)
```

Out
```
<matplotlib.axes._subplots.AxesSubplot at 0x11a9cf950>
```

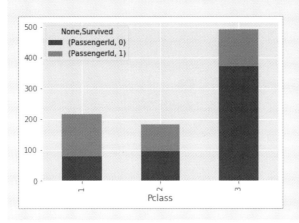

　女性のほうが男性よりも生存率が高く、チケットの階級が高い（1等席）
ほど、生存率が高いようです。優先的に救助されたのでしょうか。

年代ごとの生存率をヒストグラムで可視化する

　次に、年代ごとの生存率を確認してみます。年齢は連続値のため、**ヒスト
グラム**を作成します。ヒストグラムを描画するには、DataFrame名.
hist()あるいは、plt.hist()とします。積み上げヒストグラムの場合は、
引数のhisttypeを"barstacked"とします。その他、引数としてbins
でヒストグラムのビンの数、labelでラベル、などを指定します。ラベル
を指定した場合は、plt.legend()とすることで、グラフ中にラベルを表
示できます（**リスト3.24**）。

リスト3.24　年代ごとの生存率をヒストグラムで可視化

```
In  plt.hist((train_df[train_df["Survived"] == 0][["Age"]]. ➡
    values, train_df[train_df["Survived"] == 1][["Age"]]. ➡
    values),
            histtype="barstacked", bins=8, label=("Death", ➡
    "Survive"))
    plt.legend()
```

```
Out <matplotlib.legend.Legend at 0x124ef1750>
```

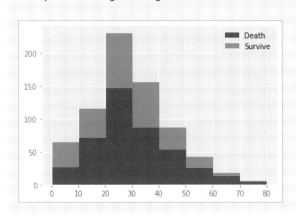

　10歳以下の子供は、他の年齢層と比較して生存率が高いようです。もしかしたら優先的に救助されたのかもしれません。

カテゴリ変数をダミー変数化する

　さらに各変数とSurvived、変数間の相関などの分析を進めていきたいのですが、相関などの計算やのちの機械学習などの処理は、数値データでのみ実行可能となります。そこで、ここまでは読み込んだデータをそのまま使用してきましたが、この段階で数値データではないものは数値に変換しておきましょう。ここでは取り急ぎSexとEmbarkedのみを変換しておくことにします。

　カテゴリ変数を数値データに変換するために、ここでは**One-Hot Encoding**という手法を用いることにします。

One-Hot Encodingとは、**あるカテゴリ変数について、その値であるかどうかを1、0で表す方法**です。1、0で表す方法を**ダミー変数化**と言います。例えば、Sexをダミー変数化すると、maleとfemaleという2つのダミー変数が作成され、もとの値がmaleの場合、male列の値が1、female列の値が0となります（図3.23）。

図3.23：One-Hot Encodingによる文字列のダミー変数化

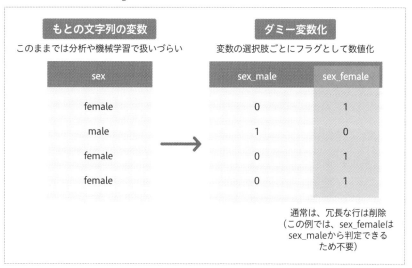

Pythonでは`pd.get_dummies(DataFrame名, columns=["変数化したい列名"])`とすることで、One-Hot Encodingによるダミー変数化をすることができます（**リスト3.25**）。また、columnsはcolumns = ["Sex","Embarked"]のように、複数の列を同時に指定することができます。

なお、Sex列はダミー変数化すると、male、femaleという2つのダミー変数化された列が作成されますが、本来、1つの列で十分です（というのもmaleが1なら、必ずfemaleは0であるため）。引数に`drop_first=True`を指定すると、最初のカテゴリ列を除外することができます。のちのモデル化においては、冗長な列は削除すべきですが、可視化時点では、分析時のわかりやすさに応じて除外するかどうかを判断しましょう。

リスト3.25　カテゴリ変数をダミー変数化

リスト3.25　カテゴリ変数をダミー変数化

In
```python
train_df_corr = pd.get_dummies(train_df, ➡
columns=["Sex"],drop_first=True)
train_df_corr = pd.get_dummies(train_df_corr, ➡
columns=["Embarked"])
```

In
```python
train_df_corr.head()
```

Out

	PassengerId	Survived	Pclass	Name	Age	SibSp	Parch	Ticket	Fare	Cabin	Sex_male	Embarked_C	Embarked_Q	Embarked_S
0	1	0	3	Braund, Mr. Owen Harris	22.0	1	0	A/5 21171	7.2500	NaN	1	0	0	1
1	2	1	1	Cumings, Mrs. John Bradley (Florence Briggs Th...	38.0	1	0	PC 17599	71.2833	C85	0	1	0	0
2	3	1	3	Heikkinen, Miss. Laina	26.0	0	0	STON/O2. 3101282	7.9250	NaN	0	0	0	1
3	4	1	1	Futrelle, Mrs. Jacques Heath (Lily May Peel)	35.0	1	0	113803	53.1000	C123	0	0	0	1
4	5	0	3	Allen, Mr. William Henry	35.0	0	0	373450	8.0500	NaN	1	0	0	1

　性別、乗船した港が数値となり分析がしやすくなりました。

相関行列を作成する

　それでは各値の相関行列（相関係数を並べて-1～1の度合いを見ること）を計算してみましょう。DataFrame名.corr()とすることで、各変数間の相関係数を計算することができます（リスト3.26）。

リスト3.26　相関行列の作成

In
```python
train_corr = train_df_corr.corr()
```

In
```python
train_corr
```

Out

	PassengerId	Survived	Pclass	Age	SibSp	Parch	Fare	Sex_male	Embarked_C	Embarked_Q	Embarked_S
PassengerId	1.000000	-0.005007	-0.035144	0.036847	-0.057527	-0.001652	0.012658	0.042939	-0.001205	-0.033606	0.022148
Survived	-0.005007	1.000000	-0.338481	-0.077221	-0.035322	0.081629	0.257307	-0.543351	0.168240	0.003650	-0.155660
Pclass	-0.035144	-0.338481	1.000000	-0.369226	0.083081	0.018443	-0.549500	0.131900	-0.243292	0.221009	0.081720
Age	0.036847	-0.077221	-0.369226	1.000000	-0.308247	-0.189119	0.096067	0.093254	0.036261	-0.022405	-0.032523
SibSp	-0.057527	-0.035322	0.083081	-0.308247	1.000000	0.414838	0.159651	-0.114631	-0.059528	-0.026354	0.070941
Parch	-0.001652	0.081629	0.018443	-0.189119	0.414838	1.000000	0.216225	-0.245489	-0.011069	-0.081228	0.063036
Fare	0.012658	0.257307	-0.549500	0.096067	0.159651	0.216225	1.000000	-0.182333	0.269335	-0.117216	-0.166603
Sex_male	0.042939	-0.543351	0.131900	0.093254	-0.114631	-0.245489	-0.182333	1.000000	-0.082853	-0.074115	0.125722
Embarked_C	-0.001205	0.168240	-0.243292	0.036261	-0.059528	-0.011069	0.269335	-0.082853	1.000000	-0.148258	-0.778359
Embarked_Q	-0.033606	0.003650	0.221009	-0.022405	-0.026354	-0.081228	-0.117216	-0.074115	-0.148258	1.000000	-0.496624
Embarked_S	0.022148	-0.155660	0.081720	-0.032523	0.070941	0.063036	-0.166603	0.125722	-0.778359	-0.496624	1.000000

ヒートマップで可視化する

リスト3.26の行列を可視化ライブラリseabornのheatmap（ヒートマップ）を用いて、相関行列をヒートマップとして描画します。

なお、引数のannotをTrueとすると、相関行列中の相関係数を合わせて描画できます（リスト3.27）。

リスト3.27　ヒートマップで可視化

In
```
plt.figure(figsize=(9, 9))
sns.heatmap(train_corr, vmax=1, vmin=-1, center=0, ➡
annot=True)
```

Out
```
<matplotlib.axes._subplots.AxesSubplot at 0x123244550>
```

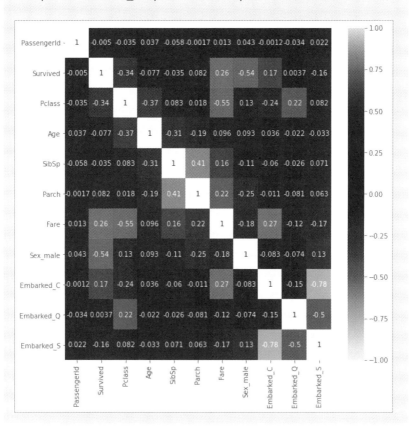

　Survivedと、もっとも相関（負の相関）が高いものは、Sex_maleで、−0.54となりました。男性（male）を1としているため、相関係数がマイナスであることから、男性のほうが生存率が低く、女性のほうが生存率が高い傾向がありそうです。ついで、Pclassが−0.34となります。チケットの階級が高い（3等席より1等席）ほうが、生存しやすいようです。またFareはSurvivedとの相関が0.26となり生存確率に影響がありそうです。

　一方、先ほどの可視化で確認したAgeについては、全体では−0.077とSurvivedと相関がないようです。だからといって年齢が生存に関係がないとは限りません。相関係数は2変数間で、一方の変数の値が上がるにつれてもう一方の値が上がる（下がる）傾向があるかを表すものとなります。そのため、10歳以下はそれ以外の年代と比較して生存率が高い傾向があった場合でも、全体として年齢が上がるにつれて生存率が低くなるわけではない場合、相関係数は低くなります。相関係数はあくまで参考として、各変数の予測に対する重要度はこの後で実際にモデリングしながら確かめていきましょう。

　以上、データの概要を見ていきました。ここまでの前提をもとにして、次節からデータの前処理をしていきます。

3.7 前処理・特徴量の生成を行う

3.6節の通り、ここで扱うデータには、そのままでは機械学習で扱いづらいデータがいくつか含まれています。また、そのままモデルに読み込ませることはできるものの、よりよい形に整形したほうが精度がよくなるものもあります。欠損値もあったので、その対応も考えるべきでしょう。

前処理で注目するデータ

本節では、機械学習前のデータ整形について見ていきます。
ここでは、特に次のデータに注目して、前処理をしていきます。

- Fare（チケット料金）
- Name（「苗字」「敬称」「名前」）
- Parch（乗船している親や子供の数）、SibSp（乗船している兄弟や配偶者の数）

学習データとテストデータを統合する

前処理をする前に、学習データとテストデータを統合したデータを作成しておきます。これは、学習データ、テストデータを合わせた全体の集計や統計情報をとるためです。

pandasのDataFrameを結合するには、`pd.concat([`結合したいDataFrame1、結合したいDataFrame2`])`とします。ここでは、`train_df`と`test_df`を結合します。さらに、`sort=False`とすることで結合後の行の並びが変わらないようにしておきます。その後、`reset_index()`とすることで、結合した後のデータで行番号を振り直します。また`reset_index(drop=True)`とすることで、もとの行番号を削除します（リスト3.28）。

リスト3.28　学習データとテストデータを統合したものを作成

```
In
all_df = pd.concat([train_df, test_df],sort=False).➡
reset_index(drop=True)
```

```
In
all_df
```

Out		PassengerId	Survived	Pclass	Name	Sex	Age	SibSp	Parch	Ticket	Fare	Cabin	Embarked
	0	1	0.0	3	Braund, Mr. Owen Harris	male	22.0	1	0	A/5 21171	7.2500	NaN	S
	1	2	1.0	1	Cumings, Mrs. John Bradley (Florence Briggs Th...	female	38.0	1	0	PC 17599	71.2833	C85	C
	2	3	1.0	3	Heikkinen, Miss. Laina	female	26.0	0	0	STON/O2. 3101282	7.9250	NaN	S
	3	4	1.0	1	Futrelle, Mrs. Jacques Heath (Lily May Peel)	female	35.0	1	0	113803	53.1000	C123	S
	4	5	0.0	3	Allen, Mr. William Henry	male	35.0	0	0	373450	8.0500	NaN	S
	...	...	...	...	...	...	...	...	...	...	...	...	...
	1304	1305	NaN	3	Spector, Mr. Woolf	male	NaN	0	0	A.5. 3236	8.0500	NaN	S
	1305	1306	NaN	1	Oliva y Ocana, Dona. Fermina	female	39.0	0	0	PC 17758	108.9000	C105	C
	1306	1307	NaN	3	Saether, Mr. Simon Sivertsen	male	38.5	0	0	SOTON/O.Q. 3101262	7.2500	NaN	S
	1307	1308	NaN	3	Ware, Mr. Frederick	male	NaN	0	0	359309	8.0500	NaN	S
	1308	1309	NaN	3	Peter, Master. Michael J	male	NaN	1	1	2668	22.3583	NaN	C

1309 rows × 12 columns

全体データで欠損値の数を確認する

さて、あらためてこのデータで欠損値の数を確認しておきます（リスト 3.29）。

リスト3.29　全体データで欠損値の数を確認

```
In  all_df.isnull().sum()
```

```
Out PassengerId      0
    Survived       418
    Pclass           0
    Name             0
    Sex              0
    Age            263
    SibSp            0
    Parch            0
    Ticket           0
    Fare             1
    Cabin         1014
    Embarked         2
    dtype: int64
```

欠損データを穴埋めする (Fare)

先ほど見た通り、もとのtestデータに含まれていたものでFareが欠損したデータが1つあります。まずこれを穴埋めしておきましょう。

Pclassごとの平均を出して、欠損しているデータのPclassに応じた平均値で補完することにします。まずPclassごとのFareの平均値を計算します（リスト3.30）。リスト3.30のgroupbyによる結果には、集計した変数名が入ってしまうため、リスト3.30のカラム名をリスト3.31のように変更しておきます。

リスト3.30　PclassごとのFareの平均値を計算

```
Fare_mean = all_df[["Pclass","Fare"]].groupby("Pclass").➡
mean().reset_index()
```

リスト3.31　カラム名の変更

```
Fare_mean.columns = ["Pclass","Fare_mean"]
```

```
Fare_mean
```

Out

	Pclass	Fare_mean
0	1	87.508992
1	2	21.179196
2	3	13.302889

まずはリスト3.32の1行目でFare_meanをall_dfとPclassで紐付けたのち、2行目でFareが欠損（null）しているものをisnull()で判定し、もしnullならばFareをFare_meanの値に置き換えます。ここでlocが使用されています。これは先ほどの行・列番号でデータ範囲を指定するilocと異なり、DataFrame名.loc[行名・列名]という形式で行名、列名を指定することで、データの範囲を指定します。

リスト3.32のコードでは、1つ目の (all_df["Fare"].isnull()) の

箇所で、Fareがnullの行を指定し、2つ目のFareで列を指定しています。

　3行目でもとのデータからFare_meanは不要のため削除します。ここでは欠損値が1つのため、fillna(穴埋めしたい値)を使用して直接記述するほうがシンプルですが、リスト3.32のようなやり方ですと、複数のPclassの欠損値が含まれている場合も一括でPclassごとの平均値で補完することができます。

リスト3.32　欠損値を置き換える

```
In
all_df = pd.merge(all_df, Fare_mean, on="Pclass",➡
how="left")
all_df.loc[(all_df["Fare"].isnull()), "Fare"] = all_df➡
["Fare_mean"]
all_df = all_df.drop("Fare_mean",axis=1)
```

Nameの敬称に注目する

　次にNameのデータを確認します。Nameはリスト3.33のようになっています。

リスト3.33　Nameの欠損値を調べる

```
In
all_df["Name"].head(5)
```

```
Out
0                        Braund, Mr. Owen Harris
1    Cumings, Mrs. John Bradley (Florence Briggs Th...
2                         Heikkinen, Miss. Laina
3       Futrelle, Mrs. Jacques Heath (Lily May Peel)
4                       Allen, Mr. William Henry
Name: Name, dtype: object
```

　リスト3.33の通り、名前は、「苗字」「敬称」「名前」の順に記載されております。

　ここで、特に「敬称」に注目します。敬称は「Master.」「Mr.」「Miss.」

「Mrs.」などがありますが、それぞれ一般的に年齢や性別に関係があります（表3.3）。

表3.3：敬称

敬称	備考
Master.	主に男性の子供に使用される
Mr.	男性一般に利用される
Miss.	未婚女性（Mrs.よりも年齢が低い可能性）
Mrs.	既婚女性（Miss.よりも年齢が高い可能性）

敬称を変数として追加する

そこで、敬称を変数として追加してみましょう。Nameをstrで文字列として取得したのち、split()を用いて,（カンマ）および.（ピリオド）で区切り、0から数えて2つ目の要素（すなわち1番目）が敬称となりますので、リスト3.34のように記述します。

リスト3.34　敬称を変数として追加

```
In
name_df = all_df["Name"].str.split("[,.]",2,expand=True)
```

これでname_dfに、苗字、敬称、名前が入りました。ただDataFrameを作成したデフォルトではname_dfのカラム名が[0, 1, 2]となっていますので、リスト3.35のようにして変更しておきましょう。

リスト3.35　カラム名の変更

```
In
name_df.columns = ["family_name","honorific","name"]
```

```
In
name_df
```

Out

	family_name	honorific	name
0	Braund	Mr	Owen Harris
1	Cumings	Mrs	John Bradley (Florence Briggs Thayer)
2	Heikkinen	Miss	Laina
3	Futrelle	Mrs	Jacques Heath (Lily May Peel)
4	Allen	Mr	William Henry
...	...	...	...
1304	Spector	Mr	Woolf
1305	Oliva y Ocana	Dona	Fermina
1306	Saether	Mr	Simon Sivertsen
1307	Ware	Mr	Frederick
1308	Peter	Master	Michael J

1309 rows × 3 columns

さらに、各列に対して、strip()を用いることで、先頭と末尾の空白文字が削除されます。念のため、各列に適用しておきます（リスト3.36）。

リスト3.36　先頭と末尾の空白文字の削除

In

```
name_df["family_name"] =name_df["family_name"].str.➡
strip()
name_df["honorific"] =name_df["honorific"].str.strip()
name_df["name"] =name_df["name"].str.strip()
```

各敬称ごとの人数をカウントする

ここで、各honorific（敬称）ごとにどれくらいの人がいるか、カウントしてみます（リスト3.37）。

リスト3.37　各honorific（敬称）ごとの人数をカウント

In
```python
name_df["honorific"].value_counts()
```

Out
```
Mr              757
Miss            260
Mrs             197
Master           61
Rev               8
Dr                8
Col               4
Major             2
Ms                2
Mlle              2
Sir               1
Capt              1
the Countess      1
Don               1
Dona              1
Mme               1
Jonkheer          1
Lady              1
Name: honorific, dtype: int64
```

Mr、Miss、Mrs、Masterが特に人数が多いものの、それ以外にも様々な敬称があるようです。

敬称ごとの年齢分布を確認する

敬称ごとの年齢分布を確認してみましょう。まず、`all_df`と`name_df`を結合します。リスト3.28と同様に、`pd.concat()`を用いますが、ここでは、縦に結合するのではなく横に結合したいところです。その場合、`axis=1`とすることで、2つのDataFrameが横に結合されます（図3.24、リスト3.38）。

図3.24：DataFrameの結合方向

pd.concat(axis=0)

2つのDataFrameを縦に連結（デフォルト）

生存	性別	年齢	チケット
1	女	11	1等級
0	男	56	2等級
0	女	23	3等級
1	女	72	2等級
0	女	28	1等級
1	男	33	3等級
1	男	35	3等級
1	男	51	2等級

pd.concat(axis=1)

2つのDataFrameを横に連結

生存	性別	年齢	チケット	敬称
1	女	11	1等級	Miss
0	男	56	2等級	Mr
0	女	23	3等級	Mrs
1	女	72	2等級	Mrs

リスト3.38　2つのDataFrameを横に結合

In
```
all_df = pd.concat([all_df, name_df],axis=1)
```

In
```
all_df
```

Out

	PassengerId	Survived	Pclass	Name	Sex	Age	SibSp
0	1	0.0	3	Braund, Mr. Owen Harris	male	22.0	1
1	2	1.0	1	Cumings, Mrs. John Bradley (Florence Briggs Th...	female	38.0	1
2	3	1.0	3	Heikkinen, Miss. Laina	female	26.0	0
3	4	1.0	1	Futrelle, Mrs. Jacques Heath (Lily May Peel)	female	35.0	1
4	5	0.0	3	Allen, Mr. William Henry	male	35.0	0
...	...	...	...	...	...	...	...
1304	1305	NaN	3	Spector, Mr. Woolf	male	NaN	0
1305	1306	NaN	1	Oliva y Ocana, Dona. Fermina	female	39.0	0
1306	1307	NaN	3	Saether, Mr. Simon Sivertsen	male	38.5	0
1307	1308	NaN	3	Ware, Mr. Frederick	male	NaN	0
1308	1309	NaN	3	Peter, Master. Michael J	male	NaN	1

1309 rows × 15 columns

Parch	Ticket	Fare	Cabin	Embarked	family_name	honorific	name
0	A/5 21171	7.2500	NaN	S	Braund	Mr	Owen Harris
0	PC 17599	71.2833	C85	C	Cumings	Mrs	John Bradley (Florence Briggs Thayer)
0	STON/O2. 3101282	7.9250	NaN	S	Heikkinen	Miss	Laina
0	113803	53.1000	C123	S	Futrelle	Mrs	Jacques Heath (Lily May Peel)
0	373450	8.0500	NaN	S	Allen	Mr	William Henry
...	...	...	...	...	...	...	...
0	A.5. 3236	8.0500	NaN	S	Spector	Mr	Woolf
0	PC 17758	108.9000	C105	C	Oliva y Ocana	Dona	Fermina
0	SOTON/O.Q. 3101262	7.2500	NaN	S	Saether	Mr	Simon Sivertsen
0	359309	8.0500	NaN	S	Ware	Mr	Frederick
1	2668	22.3583	NaN	C	Peter	Master	Michael J

　それでは、all_dfのうち、敬称ごとの年齢の分布を確認してみましょう。ここでは**箱ひげ図**を用いてみます。箱ひげ図は、sns.boxplot(x="x軸にしたい値", y="y軸にしたい値", data=可視化に用いるデータ)とすることで作成できます（リスト3.39）。

リスト3.39　敬称ごとの年齢の分布を確認

```
In
plt.figure(figsize=(18, 5))
sns.boxplot(x="honorific", y="Age", data=all_df)
```

```
Out
<matplotlib.axes._subplots.AxesSubplot at 0x127c15390>
```

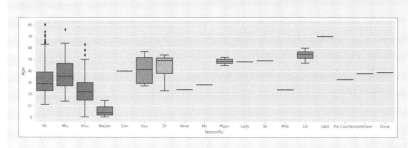

敬称ごとの年齢の平均値を確認する

　併せて、敬称ごとの年齢の平均値を数値でも確認しておきます（リスト3.40）。

リスト3.40　敬称ごとの年齢の平均値を確認

```
In
all_df[["Age","honorific"]].groupby("honorific").mean()
```

```
Out
             Age
honorific
```

honorific	Age
Capt	70.000000
Col	54.000000
Don	40.000000

```
       Dona    39.000000
         Dr    43.571429
   Jonkheer    38.000000
       Lady    48.000000
      Major    48.500000
     Master     5.482642
       Miss    21.774238
       Mlle    24.000000
        Mme    24.000000
         Mr    32.252151
        Mrs    36.994118
         Ms    28.000000
        Rev    41.250000
        Sir    49.000000
the Countess    33.000000
```

敬称ごとの生存率の違いについて確認する

敬称によって大きく平均年齢に違いがあることが確認できます。敬称によって生存率に違いがあるかも確認してみましょう。まずはもとのDataFrameに名前を区切ったDataFrameを結合します（リスト3.41）。

リスト3.41　もとのDataFrameに名前のDataFrameを結合

```
In
train_df = pd.concat([train_df,name_df[0:len(train_df)]. ➡
reset_index(drop=True)],axis=1)
test_df = pd.concat([test_df,name_df[len(train_df):]. ➡
reset_index(drop=True)],axis=1)
```

次にtrain_dfから"honorific"、"Survived"、"PassengerId"を抜き出した上で、欠損値を含む行を削除し、"honorific"、"Survived"ごとに人数を集計します（リスト3.42）。

リスト3.42 敬称ごとにSurvivedの値ごとの人数を集計

In
```
honorific_df = train_df[["honorific","Survived", ⮑
"PassengerId"]].dropna().groupby(["honorific", ⮑
"Survived"]).count().unstack()
honorific_df.plot.bar(stacked=True)
```

Out
```
<matplotlib.axes._subplots.AxesSubplot at 0x126923610>
```

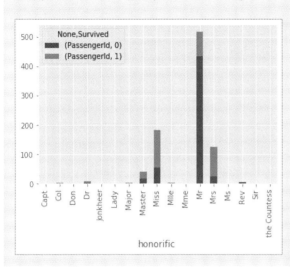

　女性に使用されるMissやMrsは生存率が高い一方、男性に使われるMr は死亡率が高いようです。また、男性の中でも、若い男性に使用される Masterは Mrと比較して生存率が高いようです。これらは前述の年齢・性 別ごとの生存率と同様の傾向となります。年齢は欠損値の多いデータですの で、これらの敬称データが年齢の補完として効果的な変数になる可能性があ ります。

年齢が欠損しているものは、敬称ごとの平均年齢で補完する

　そこでもとのデータに敬称ごとの平均年齢を追加し、その上で、年齢が欠 損しているデータについては、敬称の平均年齢で穴埋めすることにします。 穴埋め後は、honorific_Ageは不要のため削除します（リスト3.43）。

リスト3.43　敬称ごとの平均年齢で年齢が欠損しているデータを穴埋めする

```
honorific_age_mean = all_df[["honorific","Age"]].groupby➡
("honorific").mean().reset_index()
honorific_age_mean.columns = ["honorific","honorific_Age"]
```

```
all_df = pd.merge(all_df, honorific_age_mean, ➡
on="honorific", how="left")
all_df.loc[(all_df["Age"].isnull()), "Age"] = ➡
all_df["honorific_Age"]
all_df = all_df.drop(["honorific_Age"],axis=1)
```

家族人数を追加する

　また、このデータではParch（乗船している親や子供の数）とSibSp（乗船している兄弟や配偶者の数）という、家族に関する変数が2つ含まれています。そこで、まずはこれらの変数を足し合わせて、family_num（家族人数）としておきましょう（**リスト3.44**）。

リスト3.44　家族に関する変数を足して家族人数とする

```
all_df["family_num"] = all_df["Parch"] + all_df["SibSp"]
```

```
all_df["family_num"].value_counts()
```

```
0     790
1     235
2     159
3      43
5      25
4      22
6      16
10     11
7       8
Name: family_num, dtype: int64
```

同船している家族人数が0人（1人乗船）かどうかを表す aloneという変数を追加する

リスト3.44の家族人数を確認すると、同船している家族人数が0人、すなわち、1人での乗船が半数以上を占めております。タイタニック号の遭難のような事態において、家族は一緒に行動している可能性があります。そのため、1人か、それとも同船家族がいるかは生存に影響する可能性があるので、alone（1なら1人、そうでなければ0）として変数に加えておきます（リスト3.45）。

リスト3.45 1人か同船家族がいるかを変数に加える

```
In
all_df.loc[all_df["family_num"] ==0, "alone"] = 1
all_df["alone"].fillna(0, inplace=True)
```

不要な変数を削除する

さて、ここまでいくつか変数を追加してきましたが、不要な変数は削除しましょう。まず、PassengerIdは乗客IDですので予測に不要です（データの並びに規則性がある場合はPassengerIdのようなものも重要になってきますがここでは除去します）。

次にNameはfamily_name、honorific、nameに分割しましたので、もとのデータは除去しておきましょう。また、nameは固有名詞となり生存に関係ないと思われるため除去します。一方でfamily_nameは、家族を表すため一見使い道がありそうですが、データ数に対して家族数が多く、1人での乗客も多いため、家族単位の分析は困難です。やはりfamily_nameも削除しておきます。

Ticketは生存に対する規則性を見出すことが困難なため、ここでは除去します。Cabinは欠損が多いため削除します（リスト3.46）。

リスト3.46 不要な変数の削除

```
In
all_df = all_df.drop(["PassengerId","Name", ➡
 "family_name","name","Ticket","Cabin"],axis=1)
```

```
In  all_df.head()
```

```
Out     Survived Pclass   Sex  Age SibSp Parch    Fare Embarked honorific family_num alone
    0      0.0     3    male 22.0    1     0  7.2500        S       Mr         1   0.0
    1      1.0     1  female 38.0    1     0 71.2833        C      Mrs         1   0.0
    2      1.0     3  female 26.0    0     0  7.9250        S     Miss         0   1.0
    3      1.0     1  female 35.0    1     0 53.1000        S      Mrs         1   0.0
    4      0.0     3    male 35.0    0     0  8.0500        S       Mr         0   1.0
```

カテゴリ変数を数値に変換する

　また、いくつかのカテゴリ変数のうち文字列は数値に変換しておきましょう。まずは変数の型がobjectであるもの（ここでは、Embarked、Sex、honorificが該当）をカテゴリ変数として管理します（リスト3.47）。

リスト3.47　変数の型がobjectであるものをカテゴリ変数として管理

```
In  categories = all_df.columns[all_df.dtypes == "object"]
    print(categories)
```

```
Out  Index(['Sex', 'Embarked', 'honorific'], dtype='object')
```

敬称はMr、Miss、Mrs、Master以外は数が少ないため、otherとして統合する

　数値に変換する前に、先ほど見た通り、敬称はMr、Miss、Mrs、Master以外は数が少ないため、うまく学習できない可能性があります。そこで、ここではMr、Miss、Mrs、Master以外の敬称は、すべてをotherとしてまとめておきます。

　リスト3.48ではall_dfのhonorificにおいて、Mr、Miss、Mrs、Masterを|（or条件）でつなげた上で~で否定しています。よって、honorificが「いずれでもない場合」という条件となり、その場合にotherを代入するようにしています。

リスト3.48　敬称はMr、Miss、Mrs、Master以外は数が少ないため、otherとして統合

```
In
all_df.loc[~((all_df["honorific"] =="Mr") |
            (all_df["honorific"] =="Miss") |
            (all_df["honorific"] =="Mrs") |
            (all_df["honorific"] =="Master")), ➡
"honorific"] = "other"
```

```
In
all_df.honorific.value_counts()
```

```
Out
Mr        757
Miss      260
Mrs       197
Master     61
other      34
Name: honorific, dtype: int64
```

　敬称を5つにまとめることができました。それではこれを数値に変換していきます。

文字列を数値に変換する：Label Encoding

　文字列を数値に変換するには、リスト3.25のpd.get_dummies()を用いたOne-Hot Encoding（各カテゴリか否かを、0、1で表すダミー変数化）の他、Label Encodingという手法を用いることができます。これは、各カテゴリ名を、任意の数字に置き換える方法です。pd.get_dummies()ではカテゴリ数に応じて変数が増加しますが、Label Encodingでは変数の数はそのままで、数値化することができます（図3.25）。

図3.25：One-Hot EncodingとLabel Encodingの違い

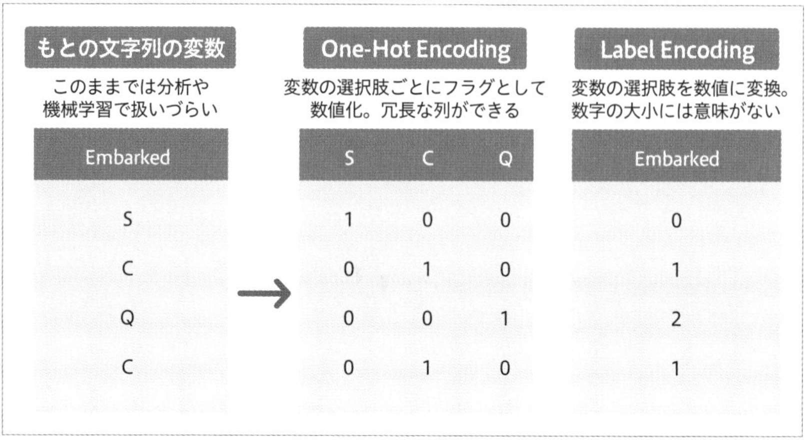

もとの文字列の変数	One-Hot Encoding			Label Encoding
このままでは分析や機械学習で扱いづらい	変数の選択肢ごとにフラグとして数値化。冗長な列ができる			変数の選択肢を数値に変換。数字の大小には意味がない
Embarked	S	C	Q	Embarked
S	1	0	0	0
C	0	1	0	1
Q	0	0	1	2
C	0	1	0	1

機械学習用のライブラリをインストール・インポートする

　Label Encodingをするため、Aanconda（Windows）のコマンドプロンプトもしくはmacOSのターミナル上で機械学習用のライブラリ「scikit-learn」をインストールします。

コマンドプロンプト/ターミナル

```
pip install scikit-learn
```

　PythonでLabel Encodingするには、sklearnからLabelEncoderをインポートします（リスト3.49）。

リスト3.49　LabelEncoderのインポート

In
```
from sklearn.preprocessing import LabelEncoder
```

　LabelEncoder()で初期化した後、該当のpandasの列を`fit`（学習）させ、各カテゴリのラベルを作成します。最後に、`transform`でもとの列に適用することでLabel Encodingできます。ただし、`LabelEncoder`は欠損値があると動かないため、欠損値を含む`Embarked`に対しては`missing`などの値でNaNを置き換えておきます（リスト3.50）。

リスト3.50　Label Encodingの実行①

```
In  all_df["Embarked"].fillna("missing", inplace=True)
```

```
In  all_df.head()
```

```
Out
     Survived Pclass    Sex  Age SibSp Parch     Fare Embarked honorific family_num alone
   0      0.0      3   male 22.0     1     0   7.2500        S        Mr          1   0.0
   1      1.0      1 female 38.0     1     0  71.2833        C       Mrs          1   0.0
   2      1.0      3 female 26.0     0     0   7.9250        S      Miss          0   1.0
   3      1.0      1 female 35.0     1     0  53.1000        S       Mrs          1   0.0
   4      0.0      3   male 35.0     0     0   8.0500        S        Mr          0   1.0
```

```
In  le = LabelEncoder()
    le = le.fit(all_df["Sex"])
    all_df["Sex"] = le.transform(all_df["Sex"])
```

　残りの列も、Label Encodingしておきましょう。リスト3.51を実行することで、Embarkedも含めcategories内のすべての列をLabel Encodingします。

リスト3.51　Label Encodingの実行②

```
In  for cat in categories:
        le = LabelEncoder()
        print(cat)
        if all_df[cat].dtypes == "object":
            le = le.fit(all_df[cat])
            all_df[cat] = le.transform(all_df[cat])
```

```
Out Sex
    Embarked
    honorific
```

```
In   all_df.head()
```

```
Out
     Survived Pclass Sex  Age SibSp Parch    Fare Embarked honorific family_num alone
0      0.0      3    1  22.0   1     0    7.2500      2        2           1     0.0
1      1.0      1    0  38.0   1     0   71.2833      0        3           1     0.0
2      1.0      3    0  26.0   0     0    7.9250      2        1           0     1.0
3      1.0      1    0  35.0   1     0   53.1000      2        3           1     0.0
4      0.0      3    1  35.0   0     0    8.0500      2        2           0     1.0
```

すべてのデータを学習データとテストデータに戻す

　これですべての列を数値データにすることができました。最後に、すべてのデータを学習データとテストデータに戻しておきましょう。Survivedの値がnull（欠損）ではないものをtrain、nullのものをtestデータとし、それぞれSurvivedを削除したものを説明変数（train_X、test_X）、Survivedの値を目的変数（train_Y）としています（リスト3.52）。

リスト3.52　train/testデータセットにデータを戻す

```
In   train_X = all_df[~all_df["Survived"].isnull()].➡
     drop("Survived",axis=1).reset_index(drop=True)
     train_Y = train_df["Survived"]

     test_X = all_df[all_df["Survived"].isnull()].➡
     drop("Survived",axis=1).reset_index(drop=True)
```

　それではこのデータを用いて、次節からいよいよ機械学習をしていきます。

3.8 モデリングを行う

　ここでは、近年Kaggleコンペで非常によく使用されている**LightGBM**という**決定木系**の機械学習手法を用いて予測していきます。まずは決定木系ソリューションの発展とLightGBMについて簡単に説明します。

決定木

　決定木とは、閾値条件によるデータの分岐を繰り返すことで、回帰や分類をする手法となります。図3.26の例では、「年齢が30歳以上か」「男性か」などの条件を繰り返していき、最終的に各条件の組み合わせによる、生存・死亡の数を表しています。

　なお、閾値条件は、「ある条件によって、もとのデータが別の性質を持つ2つのデータにうまく分かれたか」を表す指標などによって自動的に決定されていきます。データ分析者は、どの程度まで分岐させるか（木の深さ）、データを分けた時の各グループの最低データ数（葉の数）などを調整していき、分類や予測の精度を向上させていきます。

図3.26：決定木の概要・アウトプットの例（数値・条件はあくまでイメージとなります）

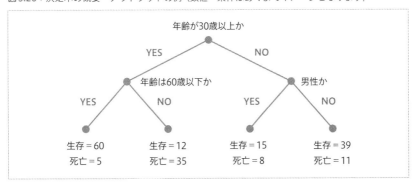

ランダムフォレスト

　決定木は、アウトプットが条件を組み合わせた木として現れるため、わかりやすく、得られたモデルを簡易に施策などに応用できることから有用ではあるのですが、異常値に弱く、最初の分岐が偏ると、以降の分岐がすべて精度の悪いものになってしまいます。そこで、決定木を複数作成して組み合わせる（「アンサンブルする」と言います）**ランダムフォレスト**という手法が提案されました（図3.27）。

図3.27：決定木のアンサンブル（組み合わせ）によるランダムフォレスト

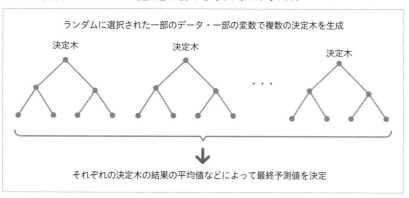

LightGBM

　さらに近年では並列でアンサンブルするのではなく、決定木を逐次的に更新していく **Gradient Boosting Decision Tree** という手法が提案され、その実装方法の1つが LightGBM となります（図3.28）。ちなみに、Gradient Boosting Decision Tree の実装には、LightGBM の他、XGBoost という手法もあります。

図3.28：Gradient Boosting Decision Treeの実装手法であるLightGBM

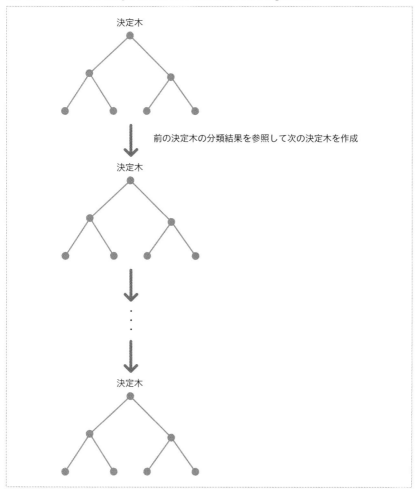

Kaggleにおいて、LightGBMは非常によく使われる手法の1つであり、主なメリットは下記の通りです。

- 実行スピードが他の手法（同じくGradient Boosting Decision Treeの一種であるXGboostや、決定木系以外のニューラルネット系の手法）と比較して速い

- 欠損値やカテゴリ変数を含んだままでも、モデルを学習させることができる

LightGBMのライブラリをインストール・インポートする

Aanconda（Windows）のコマンドプロンプトもしくはmacOSのターミナル上でLightGBMのライブラリをインストールします。

`コマンドプロンプト/ターミナル`

```
pip install lightgbm
```

LightGBMのライブラリをインポートします（**リスト3.53**）（macOSの環境でインポート時にエラーになる場合は、ターミナルで`brew install libomp`を実行してみてください）。

リスト3.53　LightGBMのライブラリのインポート

```
In  import lightgbm as lgb
```

過学習と学習不足

さて、ここからLightGBMに先ほどのデータを学習させていくのですが、一般的な機械学習について、もう一度復習しておきます。

学習データから目的変数に対する説明変数のモデルを作成し、テストデータに適用する、ということが予測タスクにおける一般的な機械学習のフローでした。しかしテストデータには目的変数が存在しないため、モデルの精度を検証することができません。学習データはモデル作成自体に使用しているため、学習データで予測精度を検証することは適切ではありません。なぜなら、モデル自体の学習に用いたデータでの精度は既知のデータに対する予測精度であり、未知のデータに対する精度はわからないためです。そして、既知のデータに対して過剰に適用しすぎることは、未知のデータに対する精度が下がる可能性があります。これを**過学習（Overfitting）**と言います。学習が不十分な**学習不足（Underfitting）**にならない程度には学習しつつ、過学習を避ける範囲で学習を止める、チューニングすることが機械学習において重要なこととなります（図3.29）。

図3.29：過学習と学習不足

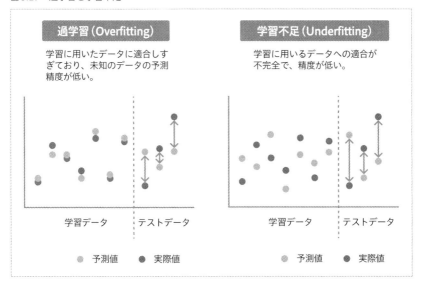

そこで、過学習を避けるために学習データから検証データを分離し、学習データで作成したモデルを検証データで予測精度を計測するということを行います。検証データの作成の仕方には下記のように様々な手法があります。

- ホールドアウト
- クロスバリデーション
- ジャックナイフ法（leave-one-out）

上記は図で見たほうがわかりやすいので、図3.30から図3.32をもとに解説していきます。

ホールドアウトは、データをある一定比率（例えば8:2など）で、学習データと検証データに分割する方法です。検証データに対する精度を見ながらモデルの学習を進める場合、検証データでの予測に過度に適

図3.30：ホールドアウト

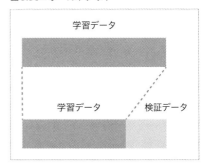

合してしまい過学習になってしまう可能性があります（図3.30）。

　クロスバリデーションは、データ全体を任意のブロックに分割し、そのうちの1つを検証データ、残りを学習データとすることを、分割個数分繰り返す方法となります。ホールドアウトと比較すると、より未知のデータに対する精度を精緻に検証でき、よいモデルを学習できる可能性があります（図3.31）。

　ジャックナイフ法（leave-one-out）は、全テストのうち、1つを検証データとし、残りを学習データとすることを全データ分、繰り返す方法となります。データ数が少ない場合などに用いられる検証方法となります（図3.32）。

　一般的に、ある程度データがある場合は、クロスバリデーションを用いることがよいかと思います。一方、巨大なデータで学習手法も時間がかかる場合に、「初期のトライアルでホールドアウトを使用する」ということもあります。ここでは、ホールドアウト、クロスバリデーションを用いる方法について解説します。

図3.31：クロスバリデーション

図3.32：ジャックナイフ法

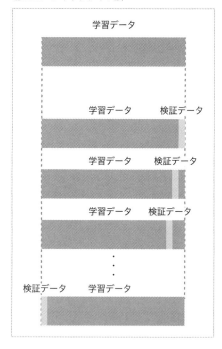

ホールドアウト、クロスバリデーションを行うための
ライブラリをインポートする

まずは、ホールドアウト、クロスバリデーションを行うためのライブラリ
をインポートします（リスト3.54）。

リスト3.54 ホールドアウト、クロスバリデーションを行うためのライブラリをインポート

```
In
from sklearn.model_selection import train_test_split
from sklearn.model_selection import KFold
```

学習データの20%を検証データに分割する

学習データのうち、20%を検証データに分割するにはリスト3.55のよう
にします。

リスト3.55 学習データの20%を検証データに分割する

```
In
X_train, X_valid, y_train, y_valid = train_test_➡
split(train_X, train_Y, test_size=0.2)
```

LightGBM用のデータセットを作成する

リスト5.55のX_train、y_trainのデータを用いてモデルを学習し、
X_validに対する予測精度を確かめてみましょう。

カテゴリ変数を指定した上でLightGBM用のデータセットを作成します
（リスト3.56）。

リスト3.56 カテゴリ変数を指定してLightGBM用のデータセットを作成

```
In
categories = ["Embarked", "Pclass", "Sex","honorific",➡
"alone"]
```

```
In  lgb_train = lgb.Dataset(X_train, y_train, categorical_➡
    feature=categories)
    lgb_eval = lgb.Dataset(X_valid, y_valid,  categorical_➡
    feature=categories, reference=lgb_train)
```

ハイパーパラメータを設定する

次に、LightGBMの挙動を定義する**ハイパーパラメータ**を設定します。このハイパーパラメータについては後ほど（P.136）解説しますので、ひとまず**リスト3.57**のみ設定しておきましょう。objectiveは目的となり、binary（2値分類）、regression（回帰）、multiclass（多クラス分類）などの中からいずれかを選択します。ここでは2値分類のため、binaryとしておきます。

リスト3.57　ハイパーパラメータの設定

```
In  lgbm_params = {
        "objective":"binary",
        "random_seed":1234
    }
```

LightGBMによる機械学習モデルを学習させる

これで準備は整いましたので、データセットとハイパーパラメータを設定して、LightGBMによる機械学習モデルを学習させてみます。**リスト3.58**におけるnum_boost_roundは学習回数の指定、early_stopping_roundsは学習時に何回連続で結果が改善しなかった場合に途中で学習をストップするかの指定、verbose_evalは学習結果の表示頻度の指定となります。

リスト3.58　機械学習モデルの学習

```
In
model_lgb = lgb.train(lgbm_params,
                      lgb_train,
                      valid_sets=lgb_eval,
                      num_boost_round=100,
                      early_stopping_rounds=20,
                      verbose_eval=10)
```

```
Out
Training until validation scores don't improve for 20 ➡
rounds
[10]    valid_0's binary_logloss: 0.465597
[20]    valid_0's binary_logloss: 0.42253
[30]    valid_0's binary_logloss: 0.424173
[40]    valid_0's binary_logloss: 0.438413
Early stopping, best iteration is:
[23]    valid_0's binary_logloss: 0.417458 ●───［ ベストスコア ］
```

各変数の重要度を調べる

リスト3.58の出力結果を見ると23回目の学習がベストスコアとなったよ
うです。このモデルにおいて各変数がどの程度重要だったかを見てみましょう。
学習済みモデルにおいて重要度を表示するには、feature_importance()
を用います（リスト3.59）。

リスト3.59　各変数の重要度の確認

```
In
model_lgb.feature_importance()
```

```
Out
array([ 32,  18, 203,  14,   9, 256,  26,   5,  19,  ➡
1], dtype=int32)
```

リスト3.59は、もとのデータのカラム順の重要度となります。そこで、
index=X_train.columnsとすることでもとのデータのカラム名を表示

させます（リスト3.60）。

リスト3.60　もとのデータのカラム名を表示

In
```
importance = pd.DataFrame(model_lgb.feature_➡
importance(), index=X_train.columns, columns=➡
["importance"]).sort_values(by="importance",➡
ascending =True)
importance.plot.barh()
```

Out
```
<matplotlib.axes._subplots.AxesSubplot at 0x11f222710>
```

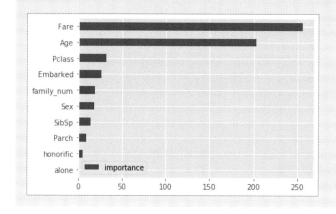

Fare、Age、ついで、Pclass、が重要な変数となりました。3.6節の可視化で見た通り、小さい子供が優先的に救助された可能性、上客（Pclassがよい、Fareが高い乗船客）が優先的に救助された可能性、が考えられます。

検証データで予測精度を確認

モデルを検証データに適用する

それではこちらのモデルを検証データに適用してみましょう（リスト3.61）。予測するにはモデルに対してpredict(予測したいデータ)とすることで実行できます。また、predict()に、予測したいデータのほか、引

数として`num_iteration`にモデル名`.best_iteration`を指定することで、もっとも精度の高かった時の学習モデルで予測できます。

リスト3.61　モデルを検証データに適用

```
In  y_pred = model_lgb.predict(X_valid, num_iteration=⇒
    model_lgb.best_iteration)
```

予測精度を計測する

さてこの予測精度を計測してみましょう。Titanicコンペの評価指標はaccuracyとなります。accuracyとは「全予測のうち正確に予測できた割合」となります。Titanicコンペのような2値分類（生存=1・死亡=0の分類）におけるaccuracyについて説明します。ここまで、予測と実際の分類結果は表3.4のように整理できます。

表3.4：予測と実際の分類

		予測値	
		正例（値が1）	負例（値が0）
実際の値	正例（値が1）	真陽性（TP） True Positive	偽陰性（FN） False Negative
	負例（値が0）	偽陽性（FP） False Positive	真陰性（TN） True Negative

実際の値が1で予測も1のものを**真陽性（True Positive：TP）**、実際の値が1だが予測が0のものを**偽陰性（False Negative：FN）**、実際の値が0だが予測が1のものを**偽陽性（False Positive：FP）**、実際の値が0で予測も0のものを**真陰性（True Negative：TN）**と言います。この4つの値を用いて、accuracyは下記のように計算されます。

$$accuracy = (TP + TN) / (TP + TN + FP + FN)$$

accuracyを計算するライブラリをインポートする

Pythonでは accuracy を計算するライブラリがありますのでインポートし、accuracy を計算してみましょう（リスト3.62）。

リスト3.62　accuracyを計算するライブラリのインポート

```
In
from sklearn.metrics import accuracy_score
```

```
In
accuracy_score(y_valid, np.round(y_pred))
```

```
Out
0.8435754189944135
```

手元の検証データで 0.8435754189944135 の精度となりました。ここを基準として改善していきましょう。

ハイパーパラメータを変更する

LightGBMには表3.5のように、ハイパーパラメータと呼ばれる、モデルの挙動を設定するための値があります。これらを変更してどのように結果が変化するか確かめてみます（表3.5は調整可能なハイパーパラメータの一部となります）。

表3.5：調整可能なハイパーパラメータの一部

ハイパーパラメータ	初期値	説明
learning_rate	0.1	学習率。各過程の学習をどの程度反映させるかを決める
max_bin	255	1つの分岐に入るデータ数の最大値。小さくすると細かく分かれ、大きくすると汎用性が高まる
num_leaves	31	1つの木に含まれる葉の最大数。木の複雑さを制御
min_data_in_leaf	20	決定木中における1つの葉における最小のデータ数。過学習をコントロールするための値。データ数によって調整

各ハイパーパラメータの値を変えるには、リスト3.57で設定した lgbm_params の値を書き換えます。ここでは例えばリスト3.63のように変更してみましょう。

リスト3.63　ハイパーパラメータの値の変更

```
lgbm_params = {
    "objective":"binary",
    "max_bin":331,
    "num_leaves": 20,
    "min_data_in_leaf": 57,
    "andom_seed":1234
}
```

　LightGBMのハイパーパラメータを設定した後、再度LightGBMのデータセットを指定し、学習を実行します（リスト3.64）。

リスト3.64　再度LightGBMのデータセットを指定し、学習を実行

```
lgb_train = lgb.Dataset(X_train, y_train, categorical_➡
feature=categories)
lgb_eval = lgb.Dataset(X_valid, y_valid, categorical_➡
feature=categories, reference=lgb_train)
```

```
model_lgb = lgb.train(lgbm_params,
                      lgb_train,
                      valid_sets=lgb_eval,
                      num_boost_round=100,
                      early_stopping_rounds=20,
                      verbose_eval=10)
```

Out　(…略…)

　その後、新たなモデルで再度、検証データに対する予測値を算出します（リスト3.65）。

リスト3.65　検証データに対する予測値を算出

```
y_pred = model_lgb.predict(X_valid, num_iteration=model_➡
lgb.best_iteration)
```

リスト3.66を実行して精度を計算すると、手元のデータでの予測結果が、0.8491620111731844まで上がりました。

リスト3.66　精度の計算

In
```
accuracy_score(y_valid, np.round(y_pred))
```

Out
```
0.8491620111731844
```

1つの値を変えるだけでは精度は上がらないことも多く、複数の要素を組み合わせる必要があります。ここではいったん先に進み、次章でハイパーパラメータ調整の詳細を解説します。

クロスバリデーションによる学習

次に、クロスバリデーションによって、学習していきます。ここでは**3分割（3-fold）**してみましょう（**リスト3.67**）。つまり3つのモデルが作成されることになります。

リスト3.67　3分割（3-fold）する

In
```
folds = 3

kf = KFold(n_splits=folds)
```

リスト3.68のコードは一見長いので、ややこしく見えますが、順に解説していきます。

まずは、`models`という空のリストを作成します。ここで3分割したデータで学習するので3つのモデルが作成されます。作成したモデルを順に`models`に入れていきます。

学習は`for`文で`split`の数だけ回します。`kf.split(train_X)`とすることで、先ほど3分割と定義した`kf`によって、`train_X`を分割します。その結果は3種類の「学習データと検証データのインデックス（行番号）」として得られますので、`train_index`、`val_index`として取得してお

きます。つまりこの for 文では、3種類の学習データと検証データの組み合わせごとに以降の処理を行う、ということになります。

まずは、`train_X.iloc[train_index]` とすることで、学習データの説明変数を、`train_Y.iloc[train_index]` とすることで学習データの目的変数を取得します。同様に `val_index` を用いて、検証データについても、説明変数、目的変数を取得します。

以降は、**リスト3.64** と同様、LightGBM用のデータを生成したのち、（**リスト3.64** の）ハイパーパラメータを用いて学習を実行します。その後、その時の学習データ・検証データでの予測精度を算出し、`models` に学習済みモデルを `append()` を用いて格納します。

リスト3.68 クロスバリデーションによる学習

```
In

models = []

for train_index, val_index in kf.split(train_X):
    X_train = train_X.iloc[train_index]
    X_valid = train_X.iloc[val_index]
    y_train = train_Y.iloc[train_index]
    y_valid = train_Y.iloc[val_index]

    lgb_train = lgb.Dataset(X_train, y_train, ➡
categorical_feature=categories)
    lgb_eval = lgb.Dataset(X_valid, y_valid, ➡
categorical_feature=categories, reference=lgb_train)

    model_lgb = lgb.train(lgbm_params,
                          lgb_train,
                          valid_sets=lgb_eval,
                          num_boost_round=100,
                          early_stopping_rounds=20,
                          verbose_eval=10,
                          )
```

```
    y_pred = model_lgb.predict(X_valid, num_iteration=➡
model_lgb.best_iteration)
    print(accuracy_score(y_valid, np.round(y_pred)))

    models.append(model_lgb)
```

Out

```
Training until validation scores don't improve for 20 ➡
rounds
[10]   valid_0's binary_logloss: 0.503031
[20]   valid_0's binary_logloss: 0.465863
[30]   valid_0's binary_logloss: 0.454056
[40]   valid_0's binary_logloss: 0.451228
[50]   valid_0's binary_logloss: 0.44724
[60]   valid_0's binary_logloss: 0.447342
[70]   valid_0's binary_logloss: 0.450126
Early stopping, best iteration is:
[54]   valid_0's binary_logloss: 0.445648
0.8249158249158249
Training until validation scores don't improve for 20 ➡
rounds
[10]   valid_0's binary_logloss: 0.482264
[20]   valid_0's binary_logloss: 0.440853
[30]   valid_0's binary_logloss: 0.435016
[40]   valid_0's binary_logloss: 0.433286
[50]   valid_0's binary_logloss: 0.432128
[60]   valid_0's binary_logloss: 0.430387
[70]   valid_0's binary_logloss: 0.431241
[80]   valid_0's binary_logloss: 0.438053
Early stopping, best iteration is:
[62]   valid_0's binary_logloss: 0.429561
0.8181818181818182
Training until validation scores don't improve for 20 ➡
rounds
[10]   valid_0's binary_logloss: 0.471854
```

```
[20]    valid_0's binary_logloss: 0.412579
[30]    valid_0's binary_logloss: 0.393023
[40]    valid_0's binary_logloss: 0.385434
[50]    valid_0's binary_logloss: 0.38159
[60]    valid_0's binary_logloss: 0.378753
[70]    valid_0's binary_logloss: 0.376992
[80]    valid_0's binary_logloss: 0.375146
[90]    valid_0's binary_logloss: 0.379274
[100]   valid_0's binary_logloss: 0.381002
Early stopping, best iteration is:
[80]    valid_0's binary_logloss: 0.375146
0.8282828282828283
```

3分割のクロスバリデーションによって、0.8249158249158249、0.8181818181818182、0.8282828282828283の精度の3つのモデルが作成できました。テストデータの予測には、各モデルの予測値を組み合わせることで、算出します。シンプルな方法としては平均をとることです。それ以外にも、validデータの予測制度がもっとも高くなるように重みを調整する方法などがあります。

テストデータにおける予測結果を算出する

まず、predsという名前で空のリストを作成しておきます。次に、リスト3.68で作成したmodels内の各modelをfor文で順に呼び出し、model.predict(test_X)とすることでテストデータでの結果を予測し、predsに格納します（リスト3.69）。

リスト3.69 テストデータの結果を予測して格納

```
preds = []

for model in models:
    pred = model.predict(test_X)
    preds.append(pred)
```

予測結果の平均をとる

　上記により、3つのモデルによる3つの予測結果が得られることになります。ここではこの結果の平均をとることにします（**リスト3.70**）。

　まず先ほどのリストを`np.array(preds)`とすることで、NumPyで扱える形式に変換し、その次に`np.mean()`とすることで、平均をとります。`axis=0`としているのは平均をとる方向の指定で、ここでは、3種類の予測ごとに、最初から順に平均を計算しています（`axis=1`とすると、予測結果内ごとの平均、つまり3つの数字がでてきます。ここでの意図とは異なるため、注意しましょう）。

リスト3.70　予測結果の平均をとる

```
preds_array = np.array(preds)
preds_mean = np.mean(preds_array, axis=0)
```

　このままでは、予測生存確率となりますので、0か1に変換します（**リスト3.71**）。ここでは0.5より大きい場合は1（生存）とすることにしましょう。

リスト3.71　0か1に変換

```
preds_int = (preds_mean > 0.5).astype(int)
```

submissionファイルを生成する

　この結果を、submissionファイルの値として使用します。**リスト3.72**のようにしてsubmissionファイルの「Survived」の値を置き換えましょう。

リスト3.72　submissionファイルの「Survived」の値を置き換え

```
submission["Survived"] = preds_int
```

```
submission
```

```
Out       PassengerId    Survived
      0         892           0
      1         893           0
      2         894           0
      3         895           0
      4         896           1
    ...         ...         ...
    413        1305           0
    414        1306           1
    415        1307           0
    416        1308           0
    417        1309           1
    418 rows × 2 columns
```

結果をCSVとして書き出す
（Anaconda(Windows)、macOSの場合）

　この結果をCSVファイルとして書き出すにはDataFrame名.to_csv
("ファイル名")とします。行番号は不要ですので、index=Falseとし
ておきます（リスト3.73）。

```
In  submission.to_csv("./submit/titanic_submit01.csv", ➡
    index=False)
```

結果をCSVとして書き出す（Kaggleの場合）

　Kaggleの場合のSubmissionファイルの書き出すにはリスト3.74を実行
します。「input」フォルダに出力されます（図3.33❶）。ファイルの右をマ
ウスオーバーすると表示される［ ⋮ ］をクリックして❷、[Download] を
クリックします❸。

リスト3.74 CSVファイルとして書き出す

In
```
submission.to_csv("titanic_submit01.csv",index=False)
```

図3.33：Kaggle上へのCSVファイルの書き出しとCSVファイルのダウンロード

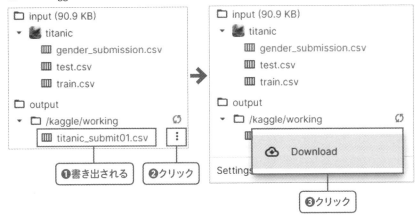

3.9 Kaggleに結果をsubmitする

　ここまでの予測結果をsubmit（投稿）し、スコアを確認してみましょう。Kaggleの Titanic コンペのページを開き、「Submit Predictions」をクリックしましょう（図3.34❶）。Kaggleでは1日の上限投稿回数が決まっています。このページでは、残りの投稿可能回数、および上限回数がリセットされるまでの時間を確認できます。ここで扱ったTitanicコンペでは1日10回投稿できます。「Step1:Upload submission file」の箇所に、先ほどCSVファイルとして書き出した「titanic_submit01.csv」をドラッグ＆ドロップします❷。

図3.34：Kaggle「Titanic」コンペの投稿画面

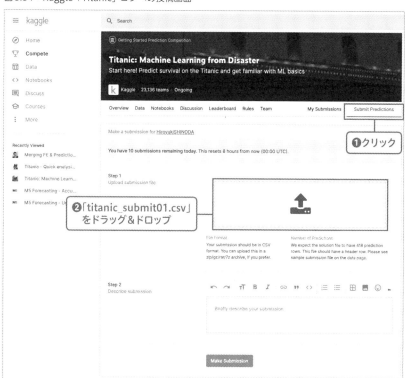

　次に「Step2:Describe submission」の欄に、投稿する内容のメモを記載することができます。通常は、モデルを学習した際の実行結果や、ハイパーパラメータの設定などを記載し、後から振り返ることがしやすいようにします。ここでは取り急ぎ、ハイパーパラメータの設定と（クロスバリデーションによる）検証データでの予測精度などを書いておきましょう。とりあえず投稿したい場合は空欄でも問題ありません。後から編集も可能です（図3.35❶）。「Make Submission」をクリックします❷。

図3.35：ファイルのドラッグ＆ドロップおよび投稿内容の記述

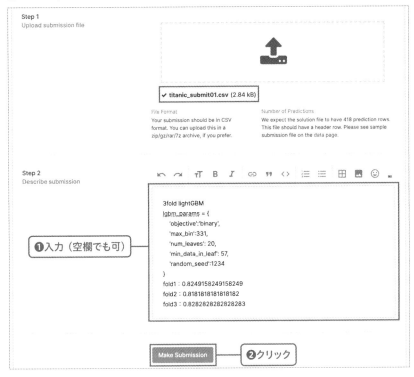

　結果が表示されるのを待ちます（図3.36）。

図3.36：投稿結果のスコアの表示

結果、0.77272と表示されます。以降、変数を追加・削除したりするな
どして、より高い順位を目指していきましょう。なお、テストデータで精度
が計算されるLeaderboardの値と、手元の検証データで計算している予測
精度には差があると思います。この差が大きすぎると、うまく検証データを
作れていない可能性がありますので注意が必要です。例えば、Leader
boardよりもあまりにも手元の検証データでの精度がよかった場合、**Leak**
している(検証データの目的変数の値が学習データに、何らかの形で含まれ
ている)可能性があります。それによって、過学習が起きており、未知のデー
タに対して弱くなっていることが考えられます。

3.10 精度以外の分析視点

　ここまでKaggleのTitanicコンペを通して、機械学習の一通りの手順を解説してきましたが、ここからは少し視点を変えた分析を行います。

　前節まではモデルの精度を高くしていくことを目的としておりました。例えばレコメンドシステムの開発や、故障検知、などにおいてはモデルの精度を上げること自体の事業インパクトが大きいですが、実際の業務では、それ以外にも様々なことを考える必要があります。

　ここからは、「ユーザの分類」と「特定のユーザの分析」について考えてみます。

追加分析❶：Titanicにはどのような人が乗船していたのか

　実務でのデータ分析においては、全体を大きく把握して、市場などの分析対象全体にどういう人がいるのかを考えることが少なくありません。これは、短期的な効率を見るというよりも、長期的な時系列の変化として、どのような層が増減しているかを捉え、新しい仕掛けを考えることに役立ちます。例えばある市場において、「旅行好きの若者」が増加しているということがわかれば、これまではボリューム的に重視してこなかったとしても将来を見据えて先に手をうつ、ということができます。

　ここではタイタニック号のデータですので、上記の例のような市場分析というわけではないのですが、当時の豪華客船であるタイタニック号にはどのような層の人たちが乗船していたかを分析してみましょう。データ全体を特徴の似ているものの集合に分ける方法はいくつかあります。

- ある1つの値に注目して分ける方法：例えばタイタニック号のデータでは、「チケットクラスごとで乗船客にどのような違いがあるか」を考えることができます。
- 統計手法・機械学習手法を用いる方法：k-means、t-SNEなどの手法を用いて、データを自動的に「特徴の似ている」クラスタに分類していきます。「特徴の似ている」の定義には様々な方法があります。例えば、特徴量のユークリッド距離などです。

チケットクラスごとの人数を確認する

　ここでは、シンプルにデータをチケットクラスによって分けた時に、どのような違いがあるか分析します。

　ここからは前節と異なる視点で分析を進めていきますので、データを再度読み込んでおきます。Anaconda（Windows）やmacOSのJupyter Notebookの場合は、リスト3.75を実行します。Kaggleの場合は、リスト3.76を実行します。

リスト3.75　データの読み込み（Anaconda（Windows）やmacOSのJupyter Notebookの場合）

```
In
train_df = pd.read_csv("./data/train.csv")
test_df = pd.read_csv("./data/test.csv")
all_df = pd.concat([train_df, test_df],sort=False).➡
reset_index(drop=True)
```

リスト3.76　データの読み込み（Kaggleの場合）

```
In
train_df = pd.read_csv("../input/titanic/train.csv")
test_df = pd.read_csv("../input/titanic/test.csv")
all_df = pd.concat([train_df, test_df],sort=False).➡
reset_index(drop=True)
```

　all_df(trainデータとtestデータを結合したもの)のデータのPclassがチケットクラスを表します。まずそれぞれの数を確認しておきましょう（リスト3.77）。

リスト3.77　チケットクラスごとの人数の確認

```
In
all_df.Pclass.value_counts()
```

```
Out
3    709
1    323
2    277
Name: Pclass, dtype: int64
```

リスト3.77の結果を plot.bar() で可視化してみます（リスト3.78）。

リスト3.78　リスト3.77の結果を可視化

In
```
all_df.Pclass.value_counts().plot.bar()
```

Out
```
<matplotlib.axes._subplots.AxesSubplot at 0x12754c310>
```

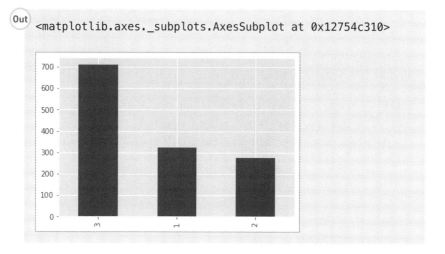

3等級の乗客がもっとも多く、1等級、2等級の2倍以上となるようです。各チケットクラスでもさらに部屋の位置などによってチケット料金は異なるのでしょうか。

料金の分布を確認する

チケットクラスごとの料金の分布を確認してみます（リスト3.79）。all_dfの中で、集計したいPclass、Fareのみを抜き出した上で、groupby()によってPclassごとに値を集計します。groupby("集計単位").集計関数と書くことで、mean（平均）、sum（合計）、max（最大）、count（数）などを集計できます。ちなみにgroupby("集計単位").describe()とすることで、一括で各種統計量を出すことができます。

リスト3.79　チケットクラスごとの料金の分布を確認

In
```
all_df[["Pclass","Fare"]].groupby("Pclass").describe()
```

Out

Fare								
	count	mean	std	min	25%	50%	75%	max
Pclass								
1	323.0	87.508992	80.447178	0.0	30.6958	60.0000	107.6625	512.3292
2	277.0	21.179196	13.607122	0.0	13.0000	15.0458	26.0000	73.5000
3	708.0	13.302889	11.494358	0.0	7.7500	8.0500	15.2458	69.5500

こちらも可視化しておきましょう（リスト3.80）。

リスト3.80　チケットクラスごとの料金の分布を可視化

In

```
plt.figure(figsize=(6, 5))
sns.boxplot(x="Pclass", y="Fare", data=all_df)
```

Out

```
<matplotlib.axes._subplots.AxesSubplot at 0x129028f50>
```

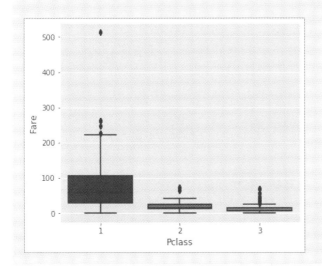

　1等級のチケットは、なんと3等級の7倍近い値段がするようです。さらに1等級は価格帯の幅も広くもっとも高いチケットは3等級平均料金の50倍となります。そこで1等級の中でも、さらにハイクラスの人たちは分けて集計することにします。

1等級チケットのうち、高額チケット(1等級チケットの上位25%)を Pclass0 にする

1等級の中でも、さらにハイクラスのチケットを0等級としておきましょう。

まずは、もとのPclassとは別に新たにPclass2という変数を作ります（リスト3.81）。

リスト3.81　Pclass2という変数の作成

```
In
all_df["Pclass2"] = all_df["Pclass"]
```

Pclass2のうちFareが108より大きいものを0に変更する

新しく作ったPclass2のうち、Fareが108より大きい（1等級クラスチケットの75%分位より大きい、つまり全体の上位25%）ものを0にします。ある条件によって値を置き換えるには、リスト3.32でも行ったように、locを用いて、DataFrameの中から行と列を指定することで行うことができます。DataFrame名.loc[行の条件範囲, 置き換えたい列名] = 置き換えたい値とします（リスト3.82）。

リスト3.82　Fareが108より大きいものを0に変更

```
In
all_df.loc[all_df["Fare"]>108, "Pclass2"] = 0
```

```
In
all_df[all_df["Pclass2"] == 0]
```

Out

	PassengerId	Survived	Pclass	Name	Sex	Age	SibSp	Parch	Ticket	Fare	Cabin	Embarked	Pclass2
27	28	0.0	1	Fortune, Mr. Charles Alexander	male	19.0	3	2	19950	263.0000	C23 C25 C27	S	0
31	32	1.0	1	Spencer, Mrs. William Augustus (Marie Eugenie)	female	NaN	1	0	PC 17569	146.5208	B78	C	0
88	89	1.0	1	Fortune, Miss. Mabel Helen	female	23.0	3	2	19950	263.0000	C23 C25 C27	S	0
118	119	0.0	1	Baxter, Mr. Quigg Edmond	male	24.0	0	1	PC 17558	247.5208	B58 B60	C	0
195	196	1.0	1	Lurette, Miss. Elise	female	58.0	0	0	PC 17569	146.5208	B80	C	0
...	...	...	...	...	...	...	...	...	...	...	...	...	...
1262	1263	NaN	1	Wilson, Miss. Helen Alice	female	31.0	0	0	16966	134.5000	E39 E41	C	0
1266	1267	NaN	1	Bowen, Miss. Grace Scott	female	45.0	0	0	PC 17608	262.3750	NaN	C	0
1291	1292	NaN	1	Bonnell, Miss. Caroline	female	30.0	0	0	36928	164.8667	C7	S	0
1298	1299	NaN	1	Widener, Mr. George Dunton	male	50.0	1	1	113503	211.5000	C80	C	0
1305	1306	NaN	1	Oliva y Ocana, Dona. Fermina	female	39.0	0	0	PC 17758	108.9000	C105	C	0

81 rows × 13 columns

チケットクラスごとの年齢の分布を確認する

まずは、チケットクラスごとの年齢の分布を確認してみます（リスト3.83）。安いチケットは若者が多く、高いチケットはシニアが多いのでしょうか。

リスト3.83　年齢の分布を確認

In
```
all_df[["Pclass2","Age"]].groupby("Pclass2").describe()
```

Out

					Age			
	count	mean	std	min	25%	50%	75%	max
Pclass2								
0	76.0	35.242368	15.422162	0.92	24.0	35.0	45.50	67.0
1	208.0	40.591346	13.981486	4.00	30.0	40.5	50.25	80.0
2	261.0	29.506705	13.638627	0.67	22.0	29.0	36.00	70.0
3	501.0	24.816367	11.958202	0.17	18.0	24.0	32.00	74.0

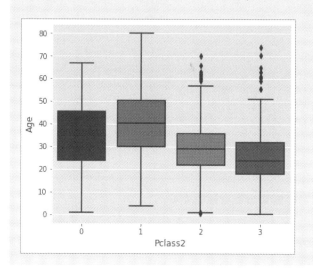

```
In   plt.figure(figsize=(6, 5))
     sns.boxplot(x="Pclass2", y="Age", data=all_df)
```

```
Out   <matplotlib.axes._subplots.AxesSubplot at 0x12955bd90>
```

　やはり、平均年齢は3等級から1等級になるにつれて高くなるようです。しかし上記には家族連れの場合、子供も含まれているでしょう。そこで念のため、15歳より上の人に限った年齢の分布を確認してみます。

15歳より上の人に限定して再度確認する

　データの一部を集計する場合、まず`all_df[all_df["Age"]>15]`などのようにして一部のデータを抜き出し、その後、必要な変数を指定し、集計方法を記述します（リスト3.84）。もしわかりづらい場合や、使い回す場合、`all_df_15over = all_df[all_df["Age"]>15]`などのようにして、別途DataFrameを作成してもよいでしょう。

リスト3.84　15歳より上に限った年齢の分布を確認

```
In   all_df[all_df["Age"]>15][["Pclass2","Age"]].➡
     groupby("Pclass2").describe()
```

Out

								Age
	count	mean	std	min	25%	50%	75%	max
Pclass2								
0	69.0	37.920290	13.428357	17.0	27.0	36.0	48.0	67.0
1	207.0	40.768116	13.780416	16.0	30.0	41.0	50.5	80.0
2	233.0	32.369099	11.363367	16.0	24.0	30.0	39.0	70.0
3	422.0	28.200237	9.634512	16.0	21.0	26.0	33.0	74.0

In

```python
plt.figure(figsize=(6, 5))
sns.boxplot(x="Pclass2", y="Age", data=all_df[all_df➡
["Age"]>15])
```

Out

```
<matplotlib.axes._subplots.AxesSubplot at 0x129b2ef90>
```

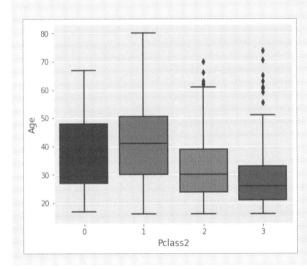

年齢と乗船料金の分布を確認する

　ちなみに、年齢と乗船料金の分布は**リスト3.85**となります。単純に若者は安いチケットを買い、高齢者が高いチケットを買う傾向がある、ということではないようです。

リスト3.85　年齢と乗船料金の分布

In
```
all_df.plot.scatter(x="Age", y="Fare", alpha=0.5)
```

Out
```
<matplotlib.axes._subplots.AxesSubplot at 0x12ad11450>
```

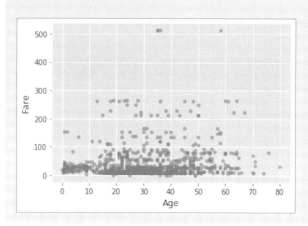

チケットクラスごとの乗船家族人数を確認する

　また、チケットクラスによって乗船家族人数に違いがあるかも見てみます。果たして1等級の豪華客室に宿泊するのは大家族でしょうか、夫婦水入らずでしょうか、はたまた1人を満喫しているのでしょうか。まずは家族人数という変数を追加します（リスト3.86）。

リスト3.86　チケットクラスによって乗船家族人数に違いがあるか確認

In
```
all_df["family_num"] = all_df["SibSp"] + all_df["Parch"]
```

In
```
all_df[["Pclass2","family_num"]].groupby("Pclass2").➡
describe()
```

Out

| | family_num | | | | | | | |
Pclass2	count	mean	std	min	25%	50%	75%	max
0	81.0	1.543210	1.541504	0.0	0.0	1.0	2.0	5.0
1	242.0	0.553719	0.687172	0.0	0.0	0.0	1.0	3.0
2	277.0	0.761733	1.029060	0.0	0.0	0.0	1.0	5.0
3	709.0	0.968970	1.921230	0.0	0.0	0.0	1.0	10.0

In

```python
plt.figure(figsize=(6, 5))
sns.boxplot(x="Pclass2", y="family_num", data=all_df)
```

Out

```
<matplotlib.axes._subplots.AxesSubplot at 0x129bdf950>
```

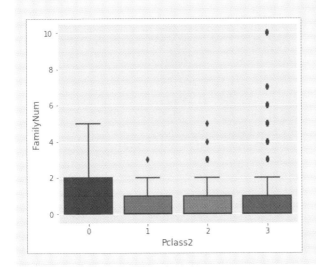

　1〜3等級は平均乗船家族数が1を下回る（乗船家族人数0人の場合は、自分のみ）のに対して、0等級のハイクラスチケットは、平均1.5となっており、基本、配偶者や子供と一緒のようです。ただし、3等級のチケットは、最大10人家族、その他にもいくつか大家族がいる点に注目しましょう。また、1等級は、もっとも平均同伴人数が少ないようです。

チケットクラスごとの男女比について確認する

今度はチケットクラスごとの男女比について確認しておきます（リスト3.87）。

リスト3.87　男女比について確認

In
```
Pclass_gender_df = all_df[["Pclass2","Sex","PassengerId"➡
]].dropna().groupby(["Pclass2","Sex"]).count().unstack()
```

In
```
Pclass_gender_df.plot.bar(stacked=True)
```

Out
```
<matplotlib.axes._subplots.AxesSubplot at 0x129e6e290>
```

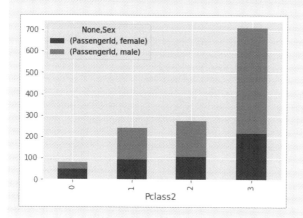

In
```
Pclass_gender_df["male_ratio"] =  Pclass_gender_df➡
["PassengerId",   "male"] / (Pclass_gender_df➡
["PassengerId", "male"] + Pclass_gender_df➡
["PassengerId", "female"])
```

In
```
Pclass_gender_df
```

Out

	PassengerId		male_ratio
Sex	female	male	
Pclass2			
0	51	30	0.370370
1	93	149	0.615702
2	106	171	0.617329
3	216	493	0.695346

　1〜3等級は男性が6割強ですが、0等級のハイクラスは4割弱となっております。これは先ほど見た通り、0等級は他のクラスと比較して同伴者がいることが多いものによると思われます。

港ごとの違いを確認

　最後に、港ごとの違いを確認してみます（リスト3.88）。

リスト3.88　港ごとの違いを確認

```
Pclass_emb_df = all_df[["Pclass2","Embarked","Passenger→
Id"]].dropna().groupby(["Pclass2","Embarked"]).count().→
unstack()
```

```
Pclass_emb_df = Pclass_emb_df.fillna(0)
```

```
Pclass_emb_df.plot.bar(stacked=True)
```

Out

`<matplotlib.axes._subplots.AxesSubplot at 0x12a024b10>`

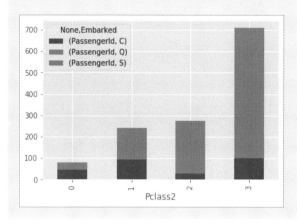

少しわかりづらいので、割合を比較できる100%積み上げ縦棒グラフに変換してみます（リスト3.89）。

リスト3.89　100%積み上げ縦棒グラフに変換

In
```
Pclass_emb_df_ratio = Pclass_emb_df.copy()
Pclass_emb_df_ratio["sum"] = Pclass_emb_df_ratio➡
["PassengerId","C"] + Pclass_emb_df_ratio["PassengerId",➡
"Q"] + Pclass_emb_df_ratio["PassengerId","S"]
Pclass_emb_df_ratio["PassengerId","C"] = Pclass_emb_df_➡
ratio["PassengerId","C"] / Pclass_emb_df_ratio["sum"]
Pclass_emb_df_ratio["PassengerId","Q"] = Pclass_emb_df_➡
ratio["PassengerId","Q"] / Pclass_emb_df_ratio["sum"]
Pclass_emb_df_ratio["PassengerId","S"] = Pclass_emb_df_➡
ratio["PassengerId","S"] / Pclass_emb_df_ratio["sum"]
Pclass_emb_df_ratio = Pclass_emb_df_ratio.drop(["sum"],➡
axis=1)
```

In
```
Pclass_emb_df_ratio
```

`Out`

```
         PassengerId
Embarked C         Q         S
Pclass2

       0  0.580247  0.000000  0.419753
       1  0.391667  0.012500  0.595833
       2  0.101083  0.025271  0.873646
       3  0.142454  0.159379  0.698166
```

`In`

Pclass_emb_df_ratio.plot.bar(stacked=True)

`Out`

<matplotlib.axes._subplots.AxesSubplot at 0x12a0bba50>

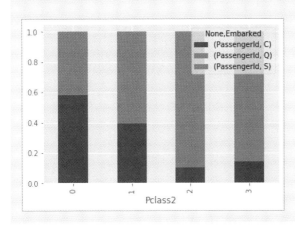

　乗船港は、C = Cherbourg、Q = Queenstown、S = Southampton を表します。チケットクラスが上がる（3等級から0等級）になるにつれて、Cherbourgで乗船している人が増えているようです。0等級や1等級のチケットでQueenstownから乗船した人はほぼいないようです。

　以上のことをまとめると、下記のようになります。

- 0等級：同伴者連れが多く、男性比率が他のチケットクラスよりも低い。年齢層がやや高め。Cherbourgで乗船している人が多い。

- 1等級：他のクラスと比較してもっとも年齢層が高い。1人での乗船率がもっとも高く、大家族の乗船はない。
- 2等級：1等級と3等級の間の傾向。Southamptonで乗船する比率がもっとも高い。
- 3等級：1人から大家族まで様々な人数での乗船がある。他のクラスよりもQueenstownで乗船する割合が高い。

追加分析❷：特定のクラスタに注目してみる

データ分析においては、マジョリティーを把握することだけではなく、特定のエクストリーム（極端）な集団や、少人数の特徴から、全体の大きな傾向だけでは見落としがちなことや、今はまだ集団として小さいものの、今後伸びるかもしれない将来の傾向を分析することも珍しくありません。「シニアの行動を分析してみる」「あらゆる機能を使いこなすハイエンドなユーザに注目してみる」「繰り返し商品を買う層に注目してみる」などです。

追加分析❶では、ハイクラスなチケットの人はCherbourgで乗船していることが多く、年齢層がやや高い傾向があることを見てきました。そこで、ここでは「Cherbourgからの1人乗船の若者」という、追加分析❶の区切り方では見出しづらい層を分析してみましょう。ここでは全体の分布の中でのハイライトの方法などを紹介します。

若者を10代、20代とした時、Cherbourgの若者はAgeを10で割った時の商が1か2かをもとに、リスト3.90のようにして抽出できます。

リスト3.90　「Cherbourgからの1人乗船の若者」というクラスタの特徴を分析

```
C_young10 = all_df[(all_df["Embarked"] == "C") & (all_df→
["Age"] // 10 == 1) & (all_df["family_num"] == 0)]
```

```
C_young20 = all_df[(all_df["Embarked"] == "C") & (all_df→
["Age"] // 10 == 2) & (all_df["family_num"] == 0)]
```

```
In  len(C_young10)
```

```
Out 7
```

```
In  len(C_young20)
```

```
Out 31
```

　10代は7人、20代は31人が該当するようです。この若者たちは、全体と比較してどのような特徴があるのでしょうか。

Cherbourgの若者の乗船料金の分布を調べる

　まずは、年齢とチケット料金の散布図の中でハイライトしてみます。散布図の一部をハイライトするには、plotを重ねて表示させます。まずはリスト3.91のようにベースとして表示させたいもののplotを記述し、それをaxの引数として指定します（後から記述したものが上に表示されます）。次に、すべてのデータの中から「Cherbourgから1人乗船した10代」の分布を確認し、その次に、「1人乗船した人」に絞った中で、結果を確認してみます（リスト8.92）。同様のことを20代の若者に対しても確認してみます（リスト8.93）。

リスト3.91　全体の中における「Cherbourgからの1人乗船の若者（10代）」を確認

```
In  ax = all_df.plot.scatter(x="Age", y="Fare", alpha=0.5)
    C_young10.plot.scatter(x="Age", y="Fare", color="red", ➡
    alpha=0.5, ax=ax)
```

Out `<matplotlib.axes._subplots.AxesSubplot at 0x12c463810>`

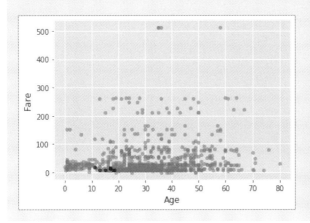

リスト3.92　1人乗船の人に限った中での「Cherbourg からの1人乗船の若者（10代）」を確認

In
```
ax = all_df[all_df["family_num"] == 0].plot.scatter(x=➡
"Age", y="Fare", alpha=0.5)
C_young10.plot.scatter(x="Age", y="Fare", color="red",➡
alpha=0.5, ax=ax)
```

Out `<matplotlib.axes._subplots.AxesSubplot at 0x12bc73850>`

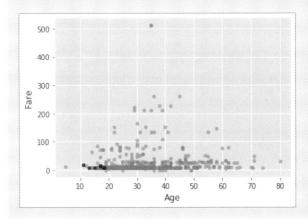

リスト3.93　「Cherbourgからの1人乗船した20代」についても同様に確認

In
```
ax = all_df.plot.scatter(x="Age", y="Fare", alpha=0.5)
C_young20.plot.scatter(x="Age", y="Fare", color="red", ➡
alpha=0.5, ax=ax)
```

Out
```
<matplotlib.axes._subplots.AxesSubplot at 0x12beeb090>
```

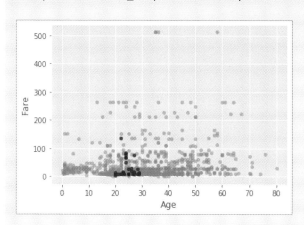

In
```
ax = all_df[all_df["family_num"] == 0].plot.scatter(x=➡
"Age", y="Fare", alpha=0.5)
C_young20.plot.scatter(x="Age", y="Fare", color="red", ➡
alpha=0.5, ax=ax)
```

Out

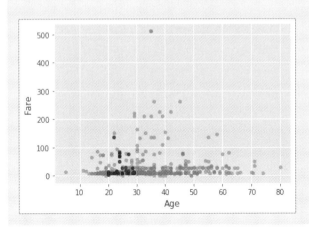

　全体の中の10代（**リスト3.92**）、20代（**リスト3.93**）の一部がそれぞれ赤く（本書は2色なので、赤色は黒の部分になります）ハイライトされました。20代の中では全体と大きく傾向は変わらないように見えます。一方、10代に限ると、Cherbourgからの乗船客は全体と比較してむしろ安いチケット料金で乗船した人が多いようです。ちなみに、Cherbourgからの乗船客を全体の中で表示すると**リスト3.94**となります。

リスト3.94　Cherbourgからの乗船客を全体の中で表示する

In

```python
C_all = all_df[(all_df["Embarked"] == "C")]
ax = all_df.plot.scatter(x="Age", y="Fare", alpha=0.5)
C_all.plot.scatter(x="Age", y="Fare", color="red",➡
alpha=0.5, ax=ax)
```

Out <matplotlib.axes._subplots.AxesSubplot at 0x12b8620d0>

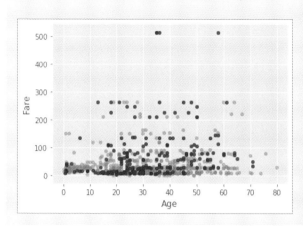

　10代、20代と比較して、30代以降では、赤く（本書は2色なので、赤色は黒の部分になります）表示されているCherbourgからの乗船客が、全体と比較して上のほうにプロットされており、やや乗船料金が高いように見えます。

各乗船港ごとに10代1人乗船客の平均料金を比較する

　Cherbourgからの乗客のうち、ハイクラスなチケットで乗船しているのは30代以降の人たちで、むしろ若者は全体と同じか、やや安いチケットで乗っている、といえるかもしれません。Cherbourgを含む各乗船港ごとに10代で1人乗船客の乗船料金を比較してみます（リスト3.95）。

リスト3.95　各乗船港ごとに10代1人乗船客の平均料金を比較

In
```
all_df[(all_df["Age"] // 10 == 1) & (all_df["family_num"] ➡
== 0)][["Embarked","Fare"]].groupby("Embarked").mean()
```

Out
```
        Fare
Embarked
C     10.594057
Q      7.531944
S     16.218712
```

　追加分析❶では、Cherbourg からの乗船はハイクラスな人が多い、ということがわかりましたが、10代の1人乗船客のみに絞った追加分析❷の場合、Cherbourg からの乗船客よりも Southampton からの乗船のほうが、平均乗船料金は高いようです。

　シンプルなクロス集計で特定の値に着目して分類した時の違いを見るだけでも、様々な気づきがあります。分け方が簡易なため、説明しやすいことも利点です。また、見ればわかる、ということも多くあります。まずはいきなり機械学習手法にかける前に、前述の可視化と併せて、このような基礎的な集計をいくつか試してみることをおすすめします。このような中から、予測タスクにも有用な特徴量が生まれることもあります。なお統計手法・機械学習手法を用いたクラスタリングについては次章で解説いたします。

CHAPTER 4

Kaggle コンペにチャレンジ② ： House Prices コンペ

ここからは、「House Prices: Advanced Regression Techniques」というコンペを題材とします。本コンペは練習用コンペであり、賞金、メダルは対象外となります。

4.1　より詳細なデータ分析へ

前章ではデータ分析フローについて一通り触れてきました。ここからは、前章で触れていない、**別の分析手法**や、**ハイパーパラメータのチューニング方法、複数手法の組み合わせ（アンサンブル）** について解説していきます。さらに、前章に続き、精度とは別の視点での分析も併せて見ていきます。

本章で学ぶことは下記の通りとなります。

- 前章からさらに詳細に踏み込んだデータ分析
- 複数の機械学習手法の実装、およびその組み合わせ
- 追加分析❶：クラスタ分析による家の分類
- 追加分析❷：ハイクラスな家の条件を分析・可視化

新しく学ぶデータ分析手法も
あるようだね！

4.2 House Pricesコンペとは

House Pricesコンペ（House Prices: Advanced Regression Techniques）
は、米国アイオワ州のエイムズ市の住宅価格を予想するコンペです（図4.1）。

図4.1：House Prices: Advanced Regression Techniques
URL https://www.kaggle.com/c/house-prices-advanced-regression-techniques/overview

与えられるデータは、住宅ごとの築年数、設備、広さ、エリア、ガレージ
に入る車の数など79個の説明変数および、目的変数としての物件価格を含
みます。1,460戸の学習データが与えられ、そのデータをもとにモデルを作
成し、1,459戸の家の価格を予測します。評価は平均二乗誤差（RMSE：
Root Mean Squared Error）となり、正解データとの差が小さいほど上位
となります（図4.2）。

図4.2：平均二乗誤差（RMSE）

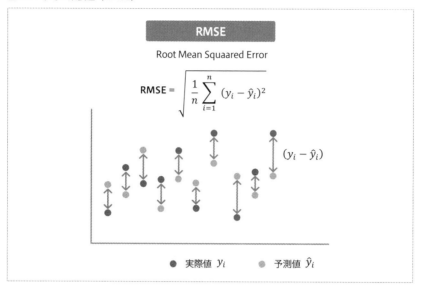

Titanic コンペが、分類タスク(特に 0（死亡）、1（生存)の2値分類）なの
に対して、House Prices コンペは回帰タスク（連続値を予測するタスク）
となります（図4.3）。

図4.3：分類タスクと回帰タスク

分類タスク		回帰タスク	
2値あるいは複数のクラスに分類するタスク		連続値を予測するタスク	
ID	Survived	ID	SalePrice
0	1	0	112,310
1	0	1	145,560
2	1	2	219,200
3	1	3	186,500
4	0	4	134,265

　注意が必要な点として、本コンペの評価指標は「正解値の対数をとったものと、予測値の対数をとったものの間でのRMSE」であるという点です。背景として、Evaluationの項目に「Taking logs means that errors in predicting expensive houses and cheap houses will affect the result equally.」（対数をとるのは、価格が高い家の予測誤差も、価格が低い家の予測誤差も等しく結果に影響するようにするため）と記載されています。RMSEだと、予測値と実際の値の差が非常に大きいデータがあった場合に、他の予測精度がよかったとしても、差が大きくなってしまったデータに全体の予測精度が大きく影響を受けてしまいます。一方で、正解値、予測値それぞれの対数をとることで、予測値・実際の値およびその値の差が小さくなり、あるデータの評価が全体に及ぼす影響を比較的小さくすることができます。手元のデータで、予測精度を確認する際には、対数をとることを忘れないようにしましょう。

　なお、House Prices コンペにおけるLeaderboardの精度の分布は図4.4となります。

図4.4：House Prices コンペにおけるLeaderboardの精度の分布（2020年5月時点）

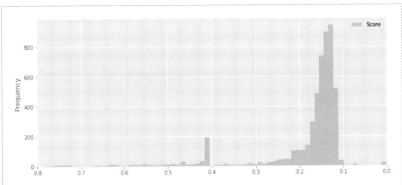

4.3 データを取得する

House Pricesコンペのページからデータをダウンロードする

第3章と同様にKaggleのHouse PricesコンペのページからCSVデータをダウンロードします（図4.5 ❶から❸）。

図4.5：House Pricesコンペのデータのダウンロード
URL https://www.kaggle.com/c/house-prices-advanced-regression-techniques/data

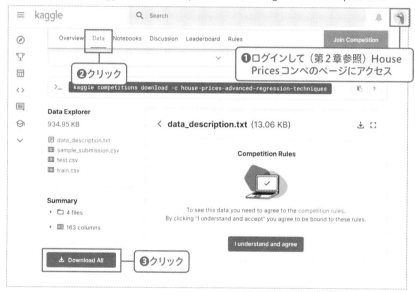

このコンペでは、4つのファイルが与えられます。

- sample_submission.csv
- train.csv
- test.csv
- data_description.txt

Titanicコンペ同様、sample_submissionファイル、学習データ、テストデータがある他、学習データ・テストデータの各列の説明である、data_ descriptionファイルがあります。data_descriptionは、下記のように、変数名・変数の説明・（カテゴリ変数の場合）各値の説明が記載されています。

MSZoning: Identifies the general zoning classification of the sale.

A Agriculture
C Commercial
FV Floating Village Residential
（…略…）

ディレクトリ構成（Anaconda（Windows）、macOSの場合）

第3章と同様に、Anaconda（Windows）とmacOSの場合、本書におけるディレクトリ構造は図4.6、図4.7のディレクトリ構成にしておきます。「house-prices」フォルダの中に「data」というフォルダを作成し、先ほどダウンロードした各種データを格納しています。現時点では「submit」フォルダの中身は空となります。4.9節、4.10節でsubmissionファイルをここに書き出します。

図4.6：Anaconda（Windows）の仮想環境の場合

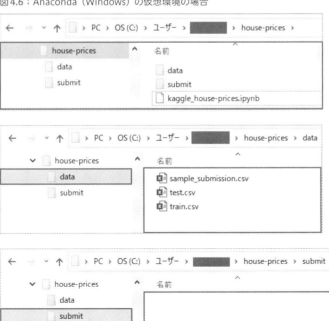

図4.7：macOSの環境の場合

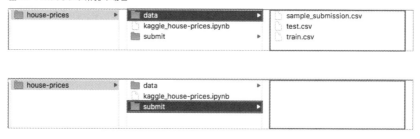

ディレクトリ構成（Kaggleの場合）

Kaggleの場合、コンペサイト（ **URL** https://www.kaggle.com/c/house-prices-advanced-regression-techniques/overview）で「Join Competition」をクリックした後に新しいNotebookを作成すると、すでに各種データがアップロードされています（図4.8）。ディレクトリ構成についてはKaggleの場合、デフォルトのままとします。

図4.8：Kaggleの場合

必要なライブラリをインポートする

前章と同様、必要なライブラリをインポートし、データを読み込んでみましょう。

最初に描画用のライブラリ**matplotlib**と**seaborn**をインポートします（リスト4.1）。

リスト**4.1**　matplotlibとseabornのインポートとグラフ描画の設定

In
```
%matplotlib inline
import matplotlib.pyplot as plt
import seaborn as sns
```

In
```
plt.style.use("ggplot")
```

　次に表計算を行うためのライブラリ**pandas**、数値計算を行うためのライブラリ**NumPy**をインポートします（**リスト4.2**）。

リスト**4.2**　pandas、NumPyのインポート

In
```
import pandas as pd
import numpy as np
```

メ
モ　**各種ライブラリ：**

matplotlibとseaborn、pandas、NumPy※1は第3章でも利用しています。よって、すでに利用できるようになっていると思いますが、もしエラーになる場合は、以下のコマンドをコマンドプロンプト/ターミナルで実行してライブラリをインストールしてください。

コマンドプロンプト/ターミナル

```
pip install pandas
pip install matplotlib
pip install seaborn
```

Kaggleでは標準でこれらのライブラリがインストールされています。

※1　pandasのライブラリをインストールするとNumPyのライブラリもインストールされます。

ランダムシードの設定

第3章と同様、ランダムシードを設定しておきます（リスト4.3）。

リスト4.3　ランダムシードを設定

In
```
import random
np.random.seed(1234)
random.seed(1234)
```

CSVデータを読み込む（Anaconda（Windows）、macOSでJupyter Notebookを利用する場合）

それではCSVデータを読み込んでいきます。Anaconda（Windows）、macOSでJupyter Notebookを利用する場合はリスト4.4を実行します。

リスト4.4　CSVデータの読み込み
　　　　　（Anaconda（Windows）、macOSでJupyter Notebookを利用する場合）

In
```
train_df = pd.read_csv("./data/train.csv")
test_df = pd.read_csv("./data/test.csv")
submission = pd.read_csv("./data/sample_submission.csv")
```

In
```
train_df.head()
```

Out

	Id	MSSubClass	MSZoning	LotFrontage	LotArea	Street	Alley	LotShape	LandContour	Utilities	...
0	1	60	RL	65.0	8450	Pave	NaN	Reg	Lvl	AllPub	...
1	2	20	RL	80.0	9600	Pave	NaN	Reg	Lvl	AllPub	...
2	3	60	RL	68.0	11250	Pave	NaN	IR1	Lvl	AllPub	...
3	4	70	RL	60.0	9550	Pave	NaN	IR1	Lvl	AllPub	...
4	5	60	RL	84.0	14260	Pave	NaN	IR1	Lvl	AllPub	...

	PoolArea	PoolQC	Fence	MiscFeature	MiscVal	MoSold	YrSold	SaleType	SaleCondition	SalePrice
0	0	NaN	NaN	NaN	0	2	2008	WD	Normal	208500
1	0	NaN	NaN	NaN	0	5	2007	WD	Normal	181500
2	0	NaN	NaN	NaN	0	9	2008	WD	Normal	223500
3	0	NaN	NaN	NaN	0	2	2006	WD	Abnorml	140000
4	0	NaN	NaN	NaN	0	12	2008	WD	Normal	250000

CSV データを読み込む（Kaggle の場合）

Kaggle の場合は、リスト4.5を実行します。

リスト4.5　CSVデータの読み込み（Kaggleの場合）

```
In
train_df = pd.read_csv("../input/house-prices-advanced-
regression-techniques/train.csv")
test_df = pd.read_csv("../input/house-prices-advanced-
regression-techniques/test.csv")
submission = pd.read_csv("../input/house-prices-
advanced-regression-techniques/sample_submission.csv")
```

```
In
train_df.head()
```

```
Out
(…略：リスト4.4と同じ結果…)
```

　このデータはTitanic コンペのデータと比較して多くの項目（80の説明変数（Idを除くと79）と1つの目的変数）が存在するようです。最後の列の「SalePrice」が予測する目的変数となります。

　このような項目が多いデータについてどのような手順で分析を進めていくと理解しやすいか、1つずつ見ていきましょう。

メモ

筆者の用意したKaggle の環境：
本書で紹介するすべてのプログラムをまとめたNotebookを筆者のKaggle Kernelとして以下にアップしておきます。参照してください。

● **筆者の用意したサンプルコード**
URL https://www.kaggle.com/mirandora/houseprices-tutorial-code

---

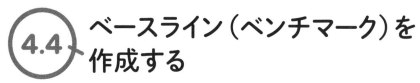

4.4 ベースライン（ベンチマーク）を作成する

各説明変数の確認、データの分布や欠損値など、モデル作成の前に本来やるべきデータ探索や前処理はたくさんありますが、まずは、何も考えずに最低限カテゴリ変数を LabelEncode しただけのデータを LightGBM に入れた時の精度を確認しておきます。これは、この後の各処理が精度向上にどれだけ効果があるかを検証するための作業となります。

LightGBM で予測する

前章に続きここでも最初は LightGBM を使用します。LightGBM は各変数の重要度を出すことができるので、今後の処理の優先順位などを考える指標になります（「重要度が高いものを前処理していく」ということの他、感覚的に効果がありそうな変数の重要度が低い場合、何らかの前処理が必要であることが想定されます）。なお、本章では、追ってその他の手法についても取り組んでみます。

学習データの各変数の型を確認する

学習データの中の各変数の型は dtypes で確認できます（リスト 4.6）。

リスト 4.6　各変数の型の確認

```
In
train_df.dtypes
```

```
Out
Id              int64
MSSubClass      int64
MSZoning        object
LotFrontage     float64
LotArea         int64
                ...
```

```
MoSold              int64
YrSold              int64
SaleType            object
SaleCondition       object
SalePrice           int64
Length: 81, dtype: object
```

この中で、例えばMSZoningがobjectとなっています。data discription ファイルを確認すると「Identifies the general zoning classification of the sale.」と記載されており、商業用、住居用など「販売先用途の分類」のことのようです。各分類にどれだけの数の値が存在するか、value_counts() で確認してみます（リスト4.7）。

リスト4.7 MSZoningの各分類ごとの個数を確認する

In
```
train_df["MSZoning"].value_counts()
```

Out
```
RL          1151
RM           218
FV            65
RH            16
C (all)       10
Name: MSZoning, dtype: int64
```

このようにデータの型がobjectとなっているものが文字列のデータであり、**カテゴリ変数**となります。LightGBMに読み込めるのはint型（整数）、float型（浮動小数点数）、bool型（真偽値：True/Falseの値をとるもの）となりますので、文字列を前章の通り、カテゴリ変数に変換していきます。

学習データとテストデータを連結して前処理を行う

　LabelEncoderは、カテゴリを連続した数値に変換しますが、いくつか注意点があります。もし学習データで変換表を作成した場合、テストデータにしか存在しないものがあると、変換できずにエラーとなります。そのため、学習データとテストデータを統合し、一括でLabelEncoderでカテゴリ変数に変換します。

　また、LabelEncoderの処理をする前に、欠損値（NaN）をあらかじめ任意の文字列（missingなど）に変換するか、もしくは削除しておくようにしましょう。

　なおこのデータは、data discriptionファイルを見るとNAであることに意味がある（例えば、Garage *において、NaNのものは、No garage（ガレージがない）ことを意味します）ので、NaNのものを削除するよりも、欠損であることを何らかの値として保持しておきましょう。

　まずは学習データとテストデータを連結します。pandasのDataFrameの連結はpd.concat()で行うことができます。そのまま連結すると、もとのDataFrameのindex（行番号）がそのまま使用され、学習データとテストデータでindexが重複してしまうので、reset_index()で新たにindexを振り直しておきます。(drop=True)とすることで、もとのindex行は削除されます（リスト4.8）。

リスト4.8　学習データとテストデータの連結

```
In
all_df = pd.concat([train_df, test_df], sort=False).➡
reset_index(drop=True)
```

```
In
all_df
```

```
Out        Id MSSubClass MSZoning LotFrontage LotArea Street Alley LotShape LandContour   Utilities ...
    0       1        60       RL        65.0    8450   Pave   NaN     Reg         Lvl      AllPub ...
    1       2        20       RL        80.0    9600   Pave   NaN     Reg         Lvl      AllPub ...
    2       3        60       RL        68.0   11250   Pave   NaN     IR1         Lvl      AllPub ...
    3       4        70       RL        60.0    9550   Pave   NaN     IR1         Lvl      AllPub ...
    4       5        60       RL        84.0   14260   Pave   NaN     IR1         Lvl      AllPub ...
  ...     ...       ...      ...         ...     ...    ...   ...     ...         ...         ... ...
 2914   2915       160       RM        21.0    1936   Pave   NaN     Reg         Lvl      AllPub ...
 2915   2916       160       RM        21.0    1894   Pave   NaN     Reg         Lvl      AllPub ...
 2916   2917        20       RL       160.0   20000   Pave   NaN     Reg         Lvl      AllPub ...
 2917   2918        85       RL        62.0   10441   Pave   NaN     Reg         Lvl      AllPub ...
 2918   2919        60       RL        74.0    9627   Pave   NaN     Reg         Lvl      AllPub ...

2919 rows × 81 columns

       PoolArea PoolQC Fence MiscFeature MiscVal MoSold YrSold SaleType SaleCondition SalePrice
    0         0    NaN   NaN         NaN       0      2   2008       WD        Normal   208500.0
    1         0    NaN   NaN         NaN       0      5   2007       WD        Normal   181500.0
    2         0    NaN   NaN         NaN       0      9   2008       WD        Normal   223500.0
    3         0    NaN   NaN         NaN       0      2   2006       WD       Abnorml   140000.0
    4         0    NaN   NaN         NaN       0     12   2008       WD        Normal   250000.0
  ...       ...    ...   ...         ...     ...    ...    ...      ...           ...        ...
              0    NaN   NaN         NaN       0      6   2006       WD        Normal        NaN
              0    NaN   NaN         NaN       0      4   2006       WD       Abnorml        NaN
              0    NaN   NaN         NaN       0      9   2006       WD       Abnorml        NaN
              0    NaN  MnPrv        Shed     700      7   2006       WD        Normal        NaN
              0    NaN   NaN         NaN       0     11   2006       WD        Normal        NaN
```

　all_dfにおいて、「SalePrice」のデータが存在するものがtrainデータ、存在しないものがtestデータとなります。予測の際には、SalePriceの値を使って、再度trainデータとtestデータに分割します（リスト4.9）。

リスト4.9　目的変数であるSalePriceの値を確認

```
In
all_df["SalePrice"]
```

```
Out
0        208500.0
1        181500.0
2        223500.0
3        140000.0
4        250000.0
           ...
```

```
2914        NaN
2915        NaN
2916        NaN
2917        NaN
2918        NaN
Name: SalePrice, Length: 2919, dtype: float64
```

カテゴリ変数を数値に変換する

　それでは、all_dfのobject型のカテゴリ変数を数値に変換していきます。まずはLabelEncoderのライブラリをインポートします（リスト4.10）。

リスト4.10　LabelEncoderのライブラリをインポート

In
```python
from sklearn.preprocessing import LabelEncoder
```

　次に、all_dfの中のobject型の変数を取得します（リスト4.11）。

リスト4.11　object型の変数を取得

In
```python
categories = all_df.columns[all_df.dtypes == "object"]
print(categories)
```

Out
```
Index(['MSZoning', 'Street', 'Alley', 'LotShape', ➡
'LandContour', 'Utilities',
       'LotConfig', 'LandSlope', 'Neighborhood', ➡
'Condition1', 'Condition2',
       'BldgType', 'HouseStyle', 'RoofStyle', ➡
'RoofMatl', 'Exterior1st',
       'Exterior2nd', 'MasVnrType', 'ExterQual', ➡
'ExterCond', 'Foundation',
       'BsmtQual', 'BsmtCond', 'BsmtExposure', ➡
'BsmtFinType1', 'BsmtFinType2',
```

```
        'Heating', 'HeatingQC', 'CentralAir', ➡
'Electrical', 'KitchenQual',
        'Functional', 'FireplaceQu', 'GarageType', ➡
'GarageFinish', 'GarageQual',
        'GarageCond', 'PavedDrive', 'PoolQC', ➡
'Fence', 'MiscFeature',
        'SaleType', 'SaleCondition'],
    dtype='object')
```

例えばAlleyは、GrvlとPaveの2つの値を持つようです（リスト4.12）。

リスト4.12 　'Alley'の各分類の個数を確認

In
```
all_df["Alley"].value_counts()
```

Out
```
Grvl     120
Pave      78
Name: Alley, dtype: int64
```

欠損値を数値に変換する

リスト4.11のcategoriesに格納したカテゴリ変数を1つずつ呼び出して、欠損値をmissingに変換後、数値に変換していきます。Label Encoderは数値に変換するだけですので、これがカテゴリ変数であることを明示するため、最後に、astype("category")としておきます（リスト4.13）。

リスト4.13 　欠損値を数値に変換

In
```
for cat in categories:
    le = LabelEncoder()
    print(cat)
```

```
all_df[cat].fillna("missing", inplace=True)
le = le.fit(all_df[cat])
all_df[cat] = le.transform(all_df[cat])
all_df[cat] = all_df[cat].astype("category")
```

Out

```
MSZoning
Street
Alley
LotShape
LandContour
Utilities
LotConfig
LandSlope
Neighborhood
Condition1
Condition2
BldgType
HouseStyle
RoofStyle
RoofMatl
Exterior1st
Exterior2nd
MasVnrType
ExterQual
ExterCond
Foundation
BsmtQual
BsmtCond
BsmtExposure
BsmtFinType1
BsmtFinType2
Heating
HeatingQC
CentralAir
Electrical
```

KitchenQual
Functional
FireplaceQu
GarageType
GarageFinish
GarageQual
GarageCond
PavedDrive
PoolQC
Fence
MiscFeature
SaleType
SaleCondition

In: `all_df`

Out:

	Id	MSSubClass	MSZoning	LotFrontage	LotArea	Street	Alley	LotShape	LandContour	Utilities	...
0	1	60	3	65.0	8450	1	2	3	3	0	...
1	2	20	3	80.0	9600	1	2	3	3	0	...
2	3	60	3	68.0	11250	1	2	0	3	0	...
3	4	70	3	60.0	9550	1	2	0	3	0	...
4	5	60	3	84.0	14260	1	2	0	3	0	...
...	...	...	...	...	...	...	...	...	...	...	...
2914	2915	160	4	21.0	1936	1	2	3	3	0	...
2915	2916	160	4	21.0	1894	1	2	3	3	0	...
2916	2917	20	3	160.0	20000	1	2	3	3	0	...
2917	2918	85	3	62.0	10441	1	2	3	3	0	...
2918	2919	60	3	74.0	9627	1	2	3	3	0	...

2919 rows × 81 columns

PoolArea	PoolQC	Fence	MiscFeature	MiscVal	MoSold	YrSold	SaleType	SaleCondition	SalePrice
0	3	4	4	0	2	2008	8	4	208500.0
0	3	4	4	0	5	2007	8	4	181500.0
0	3	4	4	0	9	2008	8	4	223500.0
0	3	4	4	0	2	2006	8	0	140000.0
0	3	4	4	0	12	2008	8	4	250000.0
...	...	...	...	...	...	...	...	...	...
0	3	4	4	0	6	2006	8	4	NaN
0	3	4	4	0	4	2006	8	0	NaN
0	3	4	4	0	9	2006	8	0	NaN
0	3	2	2	700	7	2006	8	4	NaN
0	3	4	4	0	11	2006	8	4	NaN

再び学習データとテストデータに戻す

これで、LightGBMなど各種機械学習モデルにデータを読み込めるように
なりました。再び、train_dfとtest_dfに戻しておきましょう。

isnull()でnullの行を判定できます。all_df["SalePrice"].
isnull()とすることで、SalePriceがnullの行を取得できますので、
これがテストデータとなります。

一方、学習データはSalePriceの値がnullではないので、〜（チルダ）
を付けると否定となり、nullではない行を取得できます（リスト4.14）。

リスト4.14　データをtrain_dfとtest_dfに戻す

```
In
train_df_le = all_df[~all_df["SalePrice"].isnull()]
test_df_le = all_df[all_df["SalePrice"].isnull()]
```

LightGBMに上記データを読み込ませる

それではいよいよ、LightGBMに上記データを読み込ませてみましょう。
LightGBMのライブラリをインポートします（リスト4.15）。

リスト4.15　LightGBMのライブラリをインポート

```
In
import lightgbm as lgb
```

クロスバリデーションを用いてモデルの学習・予測を行う

学習データを3分割して、各データでモデルを作成した際のテストデータ
に対する予測精度の平均を確認してみます。

クロスバリデーション用のライブラリを読み込んで分割数を設定する

まずクロスバリデーションするためのライブラリを読み込み、分割数を3
と設定しておきます（リスト4.16）。

リスト4.16 クロスバリデーション用のライブラリを読み込んで分割数を3に設定

```
from sklearn.model_selection import KFold
folds = 3
kf = KFold(n_splits=folds)
```

ハイパーパラメータを設定する

次に、LightGBMのハイパーパラメータを設定します。最後にまた調整しますので、ここではひとまず、回帰分析用のモデルである`"objective":"regression"`のみを設定しておきます（リスト4.17）。なお、LightGBMのデフォルトが回帰分析の設定となっていますが、わかりやすさのため明記しておきます。

リスト4.17 LightGBMのハイパーパラメータを設定

```
lgbm_params = {
    "objective":"regression",
    "random_seed":1234
}
```

説明変数、目的変数を指定する

クロスバリデーションを行う前に、説明変数、目的変数を指定します。目的変数はSalePrice、説明変数はもとのデータから、SalePriceおよび学習に不要なIdを削除したもの、となります（リスト4.18）。

リスト4.18 説明変数、目的変数を指定

```
train_X = train_df_le.drop(["SalePrice", "Id"], axis=1)
train_Y = train_df_le["SalePrice"]
```

平均二乗誤差を出すライブラリをインポートする

また、本コンペの評価指標がRMSEとなるので、その数値を出すためのライブラリもインポートしておきます。RMSEは平均二乗誤差の平方根とな

りますので、平均二乗誤差を出すライブラリをインポートします（リスト4.19）。

リスト4.19　平均二乗誤差を出すライブラリをインポート

In

```python
from sklearn.metrics import mean_squared_error
```

各foldごとに作成したモデルごとの予測値を保存する

　各 fold ごとに models に作成したモデル、rmses に rmse の計算結果を格納するとともに、oof（out of fold：そのデータ以外を用いて作成したモデルでそのデータの目的変数を予測した値）を保存しておきます。

　oof は初期値では 0 の値を入れておき、各 fold ごとに該当する index の値を更新していきます。np.zeros(要素数) で任意の要素数の 0 で埋められた配列（正確には NumPy の ndarray という同じ型の値を格納できる多次元配列）を作成することができます。各 kf.split（ここでは 3 つ）で、train_X を分割した結果の index が得られますので、その index を元に、学習データ、検証データを指定し、LightGBM を実行していきます。（リスト4.20）。

リスト4.20　各foldごとに作成したモデルごとの予測値を保存

In

```python
models = []
rmses = []
oof = np.zeros(len(train_X))

for train_index, val_index in kf.split(train_X):
    X_train = train_X.iloc[train_index]
    X_valid = train_X.iloc[val_index]
    y_train = train_Y.iloc[train_index]
    y_valid = train_Y.iloc[val_index]

    lgb_train = lgb.Dataset(X_train, y_train)
    lgb_eval = lgb.Dataset(X_valid, y_valid, ➡
reference=lgb_train)
```

```
model_lgb = lgb.train(lgbm_params,
                      lgb_train,
                      valid_sets=lgb_eval,
                      num_boost_round=100,
                      early_stopping_rounds=20,
                      verbose_eval=10,
                      )

y_pred = model_lgb.predict(X_valid, num_iteration=➡
model_lgb.best_iteration)
tmp_rmse = np.sqrt(mean_squared_error(np.➡
log(y_valid), np.log(y_pred)))
print(tmp_rmse)

models.append(model_lgb)
rmses.append(tmp_rmse)
oof[val_index] = y_pred
```

Out
```
Training until validation scores don't improve for 20 ➡
rounds
[10]	valid_0's l2: 1.59541e+09
[20]	valid_0's l2: 7.467e+08
[30]	valid_0's l2: 5.96558e+08
[40]	valid_0's l2: 5.49479e+08
[50]	valid_0's l2: 5.29299e+08
[60]	valid_0's l2: 5.28785e+08
[70]	valid_0's l2: 5.32577e+08
Early stopping, best iteration is:
[57]	valid_0's l2: 5.26368e+08
0.12637668452645173
Training until validation scores don't improve for 20 ➡
rounds
[10]	valid_0's l2: 2.08125e+09
```

```
[20] valid_0's l2: 1.23117e+09
[30] valid_0's l2: 1.04155e+09
[40] valid_0's l2: 9.92123e+08
[50] valid_0's l2: 9.69222e+08
[60] valid_0's l2: 9.54807e+08
[70] valid_0's l2: 9.50536e+08
[80] valid_0's l2: 9.45353e+08
[90] valid_0's l2: 9.40359e+08
[100] valid_0's l2: 9.36486e+08
Did not meet early stopping. Best iteration is:
[99] valid_0's l2: 9.36066e+08
0.15229205843857013
Training until validation scores don't improve for 20 ➡
rounds
[10] valid_0's l2: 1.78839e+09
[20] valid_0's l2: 1.03494e+09
[30] valid_0's l2: 8.77181e+08
[40] valid_0's l2: 8.59747e+08
[50] valid_0's l2: 8.45919e+08
[60] valid_0's l2: 8.35019e+08
[70] valid_0's l2: 8.27851e+08
[80] valid_0's l2: 8.37089e+08
Early stopping, best iteration is:
[69] valid_0's l2: 8.26998e+08
0.13226664456356535
```

平均RMSEを計算する

リスト4.20の出力結果の平均RMSEを計算してみます。listの合計を
sum( )で求め、len( )でlistの要素数を求めて合計を要素数で割り、平
均を出します（リスト4.21）。

リスト4.21　平均RMSEを計算

In

```
sum(rmses)/len(rmses)
```

Out
```
0.13697846250952908
```

メモ **statisticsライブラリから計算**：

from statistics import meanでライブラリを読み込んだ後、Pythonに標準で備わっているstatisticsライブラリから平均を計算する方法もあります（リスト4.22）。

リスト4.22　statisticsライブラリから平均を計算

In
```
from statistics import mean
mean(rmses)
```

Out
```
0.13697846250952908
```

　リスト4.21の結果を見ると平均RMSEは0.13697846250952908とまずまずな値になりました。ここから予測精度を改善していきましょう。

現状の予測値と実際の値の違いを確認する

　その前に、現状の予測値と実際の値の違いを見ておきます。予測値はoof、実際の値はtrain_Yとなりますので、そこからDataFrameを作成して可視化してみます（リスト4.23）。

リスト4.23　現状の予測値と実際の値の違いを可視化

In
```
actual_pred_df = pd.DataFrame({
                    "actual" : train_Y,
                    "pred" : oof })
```

In
```
actual_pred_df.plot(figsize=(12,5))
```

Out `<matplotlib.axes._subplots.AxesSubplot at 0x1224c1f90>`

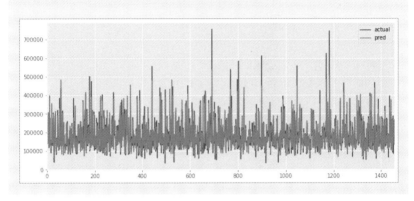

　`plot()`はデフォルトで線グラフが表示されます。先ほど作成した`actual_pred_df`は、`Id`ごとの予測値と実際の値を表すDataFrameのため、そのグラフは横軸が各`Id`（のインデックス番号）、縦軸が予測値（あるいは実測値）となっています。ですが、`Id`ごとの横比較をしたいわけではないので、線グラフでプロットするのは違和感を感じる方もいるかもしれません。ここではあくまでシンプルなコードで各`Id`ごとの予測値と実際の値の差を確認するためにリスト4.23の出力結果のようにしています。

　リスト4.23の出力結果のグラフを確認すると、大きな傾向としては追えているようですが、実際の値が大きくなる時に十分に大きな値として予測できていないようです。このような値をうまく捉えるためにどのような工夫をすべきか、あるいは通常の傾向とは異なる「外れ値」として学習から除外するか、などを検討していきましょう。

各変数の重要度を確認する

　現状のモデルでの各変数の重要度を確認しておきます。

表示する変数の数を制限する

　ただしこのままでは変数が多いので、すべて表示すると結果が見えづらくなります。そのため、`max_num_features`で表示する変数の数を制限しておきます（リスト4.24）。

リスト4.24 変数の数を制限して各変数の重要度を表示

```
for model in models:
    lgb.plot_importance(model,importance_type="gain", ➡
max_num_features=15)
```

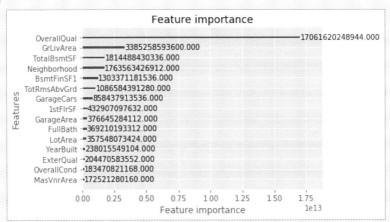

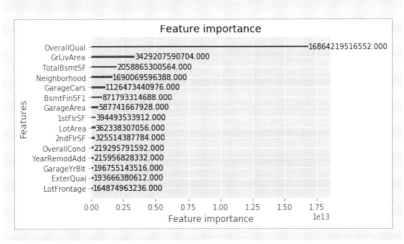

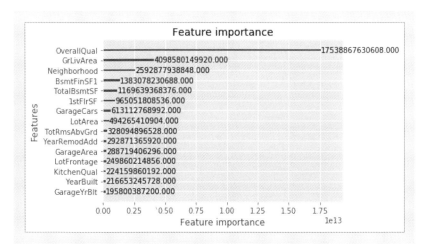

OverallQualがもっとも重要度が高くなりました（かつ、飛び抜けています）。この値はdata discriptionファイルを確認するとRates the overall material and finish of the houseとなっており、全体の質感などを含めたクオリティとなります（数値が入っていますが、10がvery excellent、1がvery poorとなるカテゴリ変数です）。

このように、数値データでも、カテゴリ変数となるデータがありますので、気を付ける必要があります。LightGBMは決定木系のアルゴリズムのため、数値型のカテゴリ変数であっても、うまく処理してくれます。しかしカテゴリ変数として明示することで、より内部的に適切に処理してくれますし、必要に応じて前処理することが必要です。追って見ていきましょう。

また、次に重要な変数として、GrLivAreaがきています。これはAbove grade (ground) living area square feetということで、住居部分の広さとなります。外れ値などが含まれていないか確認していきましょう。

その他、**地下の広さである**TotalBsmtSFの他、Garage*として、GarageCars（ガレージに入る車の数）、GaregeArea（ガレージの広さ）、GarageYrBlt（ガレージの年数）、などが続きます。これらの重要度の高いものをまずは優先的に確認していくとよいでしょう。

4.5 目的変数の前処理：目的変数の分布を確認する

本節から様々な変数について詳細を確認し、各種処理をしていきます。

SalePriceのデータの分布を確認する

予測するSalePriceのデータの分布を確認していきます。

SalePriceの各統計量を確認する

まずは、describe()で各種統計量を確認します（リスト4.25）。

リスト4.25　SalePriceの各統計量を確認

```
In
train_df["SalePrice"].describe()
```

```
Out
count      1460.000000
mean     180921.195890
std       79442.502883
min       34900.000000
25%      129975.000000
50%      163000.000000
75%      214000.000000
max      755000.000000
Name: SalePrice, dtype: float64
```

ヒストグラムでSalePriceの分布を確認する

続いて、plot.hist()でヒストグラムを描いてみます。bins=を指定することでヒストグラムのビン（データを等間隔にまとめたヒストグラムの棒）の数を指定することができます（リスト4.26）。

リスト4.26　ヒストグラムで分布を確認

In

```
train_df["SalePrice"].plot.hist(bins=20)
```

Out

```
<matplotlib.axes._subplots.AxesSubplot at 0x12eadf710>
```

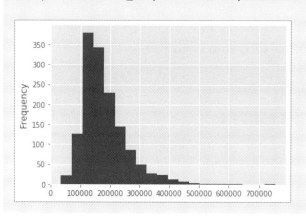

　統計量の平均（mean）と中央値（50%）を確認すると平均18万ドル、50%のデータが約16万ドル以内のようですが、ヒストグラムで確認すると分布が特徴的です。中央値が一番頻度が多く左右対称になっている**正規分布**と異なり、SalePriceのデータは左側に最頻値が寄っている**ポアソン分布**に近い分布となっているようです。

メモ　**ポアソン分布：**
数学者シメオン・ドニ・ポアソンが提唱した離散確率分布のこと。滅多に起きない事象の生成確率の分布を表すために用いられ、左右対称な正規分布と異なり、左側（事象の発生回数が少ない側）に偏ります。

目的変数を対数化する

　一般的に、機械学習や統計的な処理の多くはデータが正規分布であることを想定しています。また、感覚的には、16万ドル付近に多くのデータが存在していることから、そこの差異が重要であり、50万ドルか60万ドルかの違いよりも詳細に把握できるようにしていきたいところです。また、本コンペ

では評価指標自体が、実際の値の対数と予測値の対数のRMSEとなります。

　そのため、目的変数を対数化しておいたほうが、評価指標に対して最適化しやすくなります。Pythonでは**リスト4.27**のようにNumPyの`np.log()`を使うことで簡単に対数変換できます。

リスト4.27　SalePriceを対数化

```
In
np.log(train_df['SalePrice'])
```

```
Out
0          12.247694
1          12.109011
2          12.317167
3          11.849398
4          12.429216
             ...
1455       12.072541
1456       12.254863
1457       12.493130
1458       11.864462
1459       11.901583
Name: SalePrice, Length: 1460, dtype: float64
```

　リスト4.27の出力結果のデータを**リスト4.28**のようにヒストグラムで可視化してみます。

リスト4.28　対数化したSalePriceの分布をヒストグラムで可視化

```
In
np.log(train_df['SalePrice']).plot.hist(bins=20)
```

Out <matplotlib.axes._subplots.AxesSubplot at 0x12ee22950>

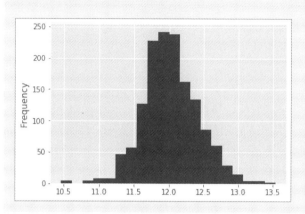

　最頻値を中心として左右対称に近い分布となりました。以降は、この対数をとった目的変数を用いてモデルを作成し、そこから出した予測値を最後に指数変換することで、最終的なsubmitファイルの値を作成することにします。

目的変数の対数化による予測精度の向上を確認する

　目的変数を対数化することで、どれだけ予測精度が上がるか確認しておきます（リスト4.29）。

　先ほどの実行コードとほぼ同じですが、RMSEを出す際に、すでに目的変数を対数化しているため、二重に対数をとらないように気を付けましょう。

リスト4.29　対数化による予測精度の向上を確認

In
```
train_df_le["SalePrice_log"] = np.log(train_df_le➡
["SalePrice"])
```

In
```
train_X = train_df_le.drop(["SalePrice","SalePrice_log"➡
,"Id"], axis=1)
train_Y = train_df_le["SalePrice_log"]
```

```
In  models = []
    rmses = []
    oof = np.zeros(len(train_X))

    for train_index, val_index in kf.split(train_X):
        X_train = train_X.iloc[train_index]
        X_valid = train_X.iloc[val_index]
        y_train = train_Y.iloc[train_index]
        y_valid = train_Y.iloc[val_index]

        lgb_train = lgb.Dataset(X_train, y_train)
        lgb_eval = lgb.Dataset(X_valid, y_valid, reference=➡
    lgb_train)

        model_lgb = lgb.train(lgbm_params,
                              lgb_train,
                              valid_sets=lgb_eval,
                              num_boost_round=100,
                              early_stopping_rounds=20,
                              verbose_eval=10,
                              )

        y_pred = model_lgb.predict(X_valid, num_iteration=➡
    model_lgb.best_iteration)
        tmp_rmse = np.sqrt(mean_squared_error(y_valid, ➡
    y_pred))
        print(tmp_rmse)

        models.append(model_lgb)
        rmses.append(tmp_rmse)
        oof[val_index] = y_pred
```

Out Training until validation scores don't improve for 20 ➡
rounds
[10] valid_0's l2: 0.0435757
[20] valid_0's l2: 0.0223987
[30] valid_0's l2: 0.0176962
[40] valid_0's l2: 0.0164304
[50] valid_0's l2: 0.0161943
[60] valid_0's l2: 0.0161858
[70] valid_0's l2: 0.0161666
[80] valid_0's l2: 0.0161769
[90] valid_0's l2: 0.0162121
Early stopping, best iteration is:
[73] valid_0's l2: 0.0161129
0.12693572281592597
Training until validation scores don't improve for 20 ➡
rounds
[10] valid_0's l2: 0.0480056
[20] valid_0's l2: 0.0274907
[30] valid_0's l2: 0.022779
[40] valid_0's l2: 0.0214744
[50] valid_0's l2: 0.0209095
[60] valid_0's l2: 0.0205922
[70] valid_0's l2: 0.0204381
[80] valid_0's l2: 0.0203135
[90] valid_0's l2: 0.020318
[100] valid_0's l2: 0.0202246
Did not meet early stopping. Best iteration is:
[100] valid_0's l2: 0.0202246
0.1422133338842566
Training until validation scores don't improve for 20 ➡
rounds
[10] valid_0's l2: 0.0388654
[20] valid_0's l2: 0.0209198
[30] valid_0's l2: 0.0176337

```
[40] valid_0's l2: 0.0169414
[50] valid_0's l2: 0.0167934
[60] valid_0's l2: 0.0167504
[70] valid_0's l2: 0.0168451
Early stopping, best iteration is:
[56] valid_0's l2: 0.0167371
0.12937198746846823
```

^{In} `sum(rmses)/len(rmses)`

^{Out} `0.13284034805621694`

事前に対数化することで、リスト4.21の出力結果の0.1369784625095
2908から0.13284034805621694まで精度が上がりました。

精度を上げることができた！

4.6 説明変数の前処理：欠損値を確認する

次に、**説明変数**を確認していきます。

各説明変数の欠損値を確認する

まずは、各説明変数の中で欠損値がどれくらいあるかを確認します。なお、本データでは、欠損は入力ミスではなく、意味があることに注意しましょう。例えば、data discriptionファイルを見てわかる通り、PoolQC（プールのクオリティ）が欠損しているものは、「プールが存在しない」ということを意味します。

all_dfを作成する

まず、all_dfの作成を再度実行しておきます（リスト4.30）。

リスト4.30　all_dfの作成

```
In
all_df = pd.concat([train_df, test_df], sort=False).➡
reset_index(drop=True)
```

```
In
categories = all_df.columns[all_df.dtypes == "object"]
print(categories)
```

```
Out
Index(['MSZoning', 'Street', 'Alley', 'LotShape', ➡
'LandContour', 'Utilities',
       'LotConfig', 'LandSlope', 'Neighborhood', ➡
'Condition1', 'Condition2',
       'BldgType', 'HouseStyle', 'RoofStyle', ➡
'RoofMatl', 'Exterior1st',
       'Exterior2nd', 'MasVnrType', 'ExterQual', ➡
'ExterCond', 'Foundation',
```

```
        'BsmtQual', 'BsmtCond', 'BsmtExposure', ➡
'BsmtFinType1', 'BsmtFinType2',
        'Heating', 'HeatingQC', 'CentralAir', ➡
'Electrical', 'KitchenQual',
        'Functional', 'FireplaceQu', 'GarageType', ➡
'GarageFinish', 'GarageQual',
        'GarageCond', 'PavedDrive', 'PoolQC', 'Fence', ➡
'MiscFeature',
        'SaleType', 'SaleCondition'],
      dtype='object')
```

欠損値の数が上位 40 の変数を確認する

isnull()で欠損値があるかどうかを確認できます。それに続けてsum()とすると、欠損値の数を出すことができます。さらにその結果を欠損値の数が多いものから降順で確認するために、sort_values(ascending=False)とします。sort_values()で値でソートすることができ、ascending=Falseで降順となります。そのうち、head(40)として、上位40の数字を見てみましょう（上位40としたのは、欠損値が多い順で並び替えた時に、35番目の変数"Street"以降は欠損値0が続いており、それ以降欠損値はないためです）。ここまでの処理は**リスト4.31**のようになります。

リスト4.31 欠損値の数が上位40の変数を確認

In
```
all_df.isnull().sum().sort_values(ascending=False).➡
head(40)
```

Out
```
PoolQC          2909
MiscFeature     2814
Alley           2721
Fence           2348
SalePrice       1459
FireplaceQu     1420
```

```
LotFrontage      486
GarageQual       159
GarageYrBlt      159
GarageFinish     159
GarageCond       159
GarageType       157
BsmtExposure      82
BsmtCond          82
BsmtQual          81
BsmtFinType2      80
BsmtFinType1      79
MasVnrType        24
MasVnrArea        23
MSZoning           4
Utilities          2
Functional         2
BsmtFullBath       2
BsmtHalfBath       2
GarageArea         1
BsmtFinSF2         1
Exterior1st        1
TotalBsmtSF        1
GarageCars         1
BsmtUnfSF          1
Electrical         1
BsmtFinSF1         1
KitchenQual        1
SaleType           1
Exterior2nd        1
Street             0
RoofMatl           0
MSSubClass         0
LotArea            0
OverallCond        0
dtype: int64
```

　SalePriceはtestデータに含まれていないため欠損があるのは当然として、PoolQC、MiscFeature、Alley、Fenceなどは非常に多くの欠損（80%以上の欠損）があるようです。また、先ほど重要度の高い変数として出てきたGarage系の変数もいくつか欠損しています。これらの変数を除外するのか、推計して補完するのか考えていきます。

欠損値の多い高級住宅設備に関する変数をまとめる

　90%以上のデータが欠損している、PoolQC、MiscFeature、Alleyといった高級住宅に関する設備項目は、値がないものがほとんどなので、まとめて高級な設備の有無に変換した上で、もとのデータは削除することにします。

　まずはPoolQC、MiscFeature、Alleyの各変数を0と1のデータに変換します。例えば、PoolQC（プールのクオリティ）のデータは、リスト4.32の出力結果の値を持ちます。

リスト4.32　PoolQCの各分類ごとの個数

```
In
all_df.PoolQC.value_counts()
```

```
Out
Ex    4
Gd    4
Fa    2
Name: PoolQC, dtype: int64
```

　リスト4.32の出力結果を見てわかる通り、値があるものは10個しかありません。リスト4.32の出力結果のうち、値があるものを1、値がないものを0に変換します（リスト4.33）。

リスト4.33　PoolQCの値を値があるものを1、値がないものを0に変換

```
In
all_df.loc[~all_df["PoolQC"].isnull(), "PoolQC"] = 1
all_df.loc[all_df["PoolQC"].isnull(), "PoolQC"] = 0
```

　リスト4.33により、PoolQCのデータは0か1の値を持つ項目に変わり

ました。リスト4.34を実行して確認してみましょう。

リスト4.34　0か1の値を持つ項目になったかを確認

```
In
all_df.PoolQC.value_counts()
```

```
Out
0      2909
1        10
Name: PoolQC, dtype: int64
```

MiscFeature、Alleyも同様の処理をしておきます（リスト4.35）。

リスト4.35　MiscFeature、Alleyも0と1に変換する

```
In
all_df.loc[~all_df["MiscFeature"].isnull(), ➡
"MiscFeature"] = 1
all_df.loc[all_df["MiscFeature"].isnull(), ➡
"MiscFeature"] = 0
```

```
In
all_df.loc[~all_df["Alley"].isnull(), "Alley"] = 1
all_df.loc[all_df["Alley"].isnull(), "Alley"] = 0
```

リスト4.35はわかりやすさのために、それぞれ処理を記述していますが、本来はリスト4.36のように繰り返し処理はfor文でまとめると、もし後から処理を変更したくなった時の作業が楽になります。

リスト4.36　繰り返し処理はfor文でまとめる

```
In
HighFacility_col = ["PoolQC","MiscFeature","Alley"]
for col in HighFacility_col:
    if all_df[col].dtype == "object":
        if len(all_df[all_df[col].isnull()]) > 0:
            all_df.loc[~all_df[col].isnull(), col] = 1
            all_df.loc[all_df[col].isnull(), col] = 0
```

　以上で、各高級住宅設備に関する各変数をその設備があるかないかを表す0、1の値に変換できました。次にこれらを足し合わせて、高級住宅設備の数という変数にまとめます。その後で、astype(int)を用いて変数の型を指定しておきます（リスト4.37）。

リスト4.37　0か1の値に変換した各変数を足し合わせて、高級住宅設備の数という特徴量を作成

```
In
all_df["hasHighFacility"] = all_df["PoolQC"] + all_df➡
["MiscFeature"] + all_df["Alley"]
```

```
In
all_df["hasHighFacility"] = all_df["hasHighFacility"].➡
astype(int)
```

　これで高級住宅設備の数という変数を作成できました。この変数の値を確認してみます（リスト4.38）。多くの住宅は高級住宅設備の数は0で、少数の家が1つ、ごく少数の家が2つの設備を持つようです。

リスト4.38　高級住宅設備の数ごとの家の数を確認

```
In
all_df["hasHighFacility"].value_counts()
```

```
Out
0    2615
1     295
2       9
Name: hasHighFacility, dtype: int64
```

　高級住宅設備に関しては、高級住宅設備の数、という変数にまとめたため、もとの変数は削除しておきます（リスト4.39）。

リスト4.39　もとのデータからPoolQC、MiscFeature、Alleyを削除

```
In
all_df = all_df.drop(["PoolQC","MiscFeature","Alley"],➡
axis=1)
```

4.7 外れ値を除外する

　続いて、データの中で、あまりに広すぎる家や、部屋の数が多すぎる家など通常の傾向と異なるデータがないかを確認していきましょう。併せて、そもそもデータに入力ミスなどがないかも見ておきます。

外れ値とは

　通常の傾向と異なる値を**外れ値（あるいは異常値。**outlier）と言います。外れ値がデータ内に存在すると過学習してしまう可能性があり、予測の精度が下がります。そのため外れ値は学習時に除外することがのぞましいです。一方で、外れ値の判定を過度に行い、必要なデータまで削除してしまうと、平均的なデータしか予測できず、高級住宅などの価格を予測する精度が下がってしまいます。

各説明変数のデータの分布を確認する

　そこで各説明変数のデータの分布などを確認しながら、順次チェックしていきましょう（図4.9）。

図4.9：外れ値の除外（左）と外れ値の過度な除外（右）

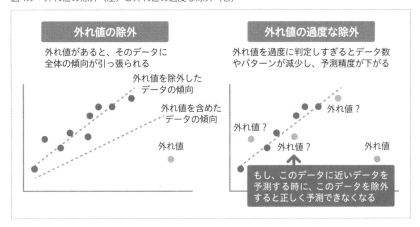

各変数の統計量を確認する

まずは各変数の統計量を出してみます。変数が多いので、describe()の結果を.Tとして、行と列を転置して表示してみましょう(リスト4.40)。

リスト4.40 各変数の統計量を確認

In

```
all_df.describe().T
```

Out

	count	mean	std	min	25%	50%	75%	max
Id	2919.0	1460.000000	842.787043	1.0	730.5	1460.0	2189.5	2919.0
MSSubClass	2919.0	57.137718	42.517628	20.0	20.0	50.0	70.0	190.0
LotFrontage	2433.0	69.305795	23.344905	21.0	59.0	68.0	80.0	313.0
LotArea	2919.0	10168.114080	7886.996359	1300.0	7478.0	9453.0	11570.0	215245.0
OverallQual	2919.0	6.089072	1.409947	1.0	5.0	6.0	7.0	10.0
OverallCond	2919.0	5.564577	1.113131	1.0	5.0	5.0	6.0	9.0
YearBuilt	2919.0	1971.312778	30.291442	1872.0	1953.5	1973.0	2001.0	2010.0
YearRemodAdd	2919.0	1984.264474	20.894344	1950.0	1965.0	1993.0	2004.0	2010.0
MasVnrArea	2896.0	102.201312	179.334253	0.0	0.0	0.0	164.0	1600.0
BsmtFinSF1	2918.0	441.423235	455.610826	0.0	0.0	368.5	733.0	5644.0
BsmtFinSF2	2918.0	49.582248	169.205611	0.0	0.0	0.0	0.0	1526.0
BsmtUnfSF	2918.0	560.772104	439.543659	0.0	220.0	467.0	805.5	2336.0
TotalBsmtSF	2918.0	1051.777587	440.766258	0.0	793.0	989.5	1302.0	6110.0
1stFlrSF	2919.0	1159.581706	392.362079	334.0	876.0	1082.0	1387.5	5095.0
2ndFlrSF	2919.0	336.483727	428.701456	0.0	0.0	0.0	704.0	2065.0
LowQualFinSF	2919.0	4.694416	46.396825	0.0	0.0	0.0	0.0	1064.0
GrLivArea	2919.0	1500.759849	506.051045	334.0	1126.0	1444.0	1743.5	5642.0
BsmtFullBath	2917.0	0.429894	0.524736	0.0	0.0	0.0	1.0	3.0
BsmtHalfBath	2917.0	0.061364	0.245687	0.0	0.0	0.0	0.0	2.0
FullBath	2919.0	1.568003	0.552969	0.0	1.0	2.0	2.0	4.0
HalfBath	2919.0	0.380267	0.502872	0.0	0.0	0.0	1.0	2.0
BedroomAbvGr	2919.0	2.860226	0.822693	0.0	2.0	3.0	3.0	8.0
KitchenAbvGr	2919.0	1.044536	0.214462	0.0	1.0	1.0	1.0	3.0
TotRmsAbvGrd	2919.0	6.451524	1.569379	2.0	5.0	6.0	7.0	15.0
Fireplaces	2919.0	0.597122	0.646129	0.0	0.0	1.0	1.0	4.0
GarageYrBlt	2760.0	1978.113406	25.574285	1895.0	1960.0	1979.0	2002.0	2207.0
GarageCars	2918.0	1.766621	0.761624	0.0	1.0	2.0	2.0	5.0
GarageArea	2918.0	472.874572	215.394815	0.0	320.0	480.0	576.0	1488.0
WoodDeckSF	2919.0	93.709832	126.526589	0.0	0.0	0.0	168.0	1424.0
OpenPorchSF	2919.0	47.486811	67.575493	0.0	0.0	26.0	70.0	742.0
EnclosedPorch	2919.0	23.098321	64.244246	0.0	0.0	0.0	0.0	1012.0
3SsnPorch	2919.0	2.602261	25.188169	0.0	0.0	0.0	0.0	508.0
ScreenPorch	2919.0	16.062350	56.184365	0.0	0.0	0.0	0.0	576.0
PoolArea	2919.0	2.251799	35.663946	0.0	0.0	0.0	0.0	800.0
MiscVal	2919.0	50.825968	567.402211	0.0	0.0	0.0	0.0	17000.0
MoSold	2919.0	6.213087	2.714762	1.0	4.0	6.0	8.0	12.0
YrSold	2919.0	2007.792737	1.314964	2006.0	2007.0	2008.0	2009.0	2010.0
SalePrice	1460.0	180921.195890	79442.502883	34900.0	129975.0	163000.0	214000.0	755000.0
hasHighFacility	2919.0	0.107229	0.319268	0.0	0.0	0.0	0.0	2.0

　いくつかの変数は、ほぼ0のものがあったり、特定の値しかとらないものがあるようです。また、平均値からの標準偏差に対して、最小値、最大値が大きく外れているものなどがありそうです。これらを順次見ていきます。

数値データのみを抜き出す

　まず、外れ値をチェックするにあたり、数値データのみを抜き出します。数値データは、np.numberで特定できます（リスト4.41）。

リスト4.41　数値データのみの抜き出し

```
In
train_df_num = train_df.select_dtypes(include=➡
[np.number])
```

　リスト4.41で出した数値データの中には、いくつか比例尺度ではないものがあります（リスト4.42）。

リスト4.42　比例尺度ではない変数

```
In
nonratio_features = ["Id", "MSSubClass", "OverallQual", ➡
"OverallCond", "YearBuilt", "YearRemodAdd", "MoSold", ➡
"YrSold"]
```

　数値データからリスト4.42の変数を除いた比例尺度データである数値データはリスト4.43となります。setに変換して差分をとった後、listに戻した上でsorted()で並びを固定しておきます。

リスト4.43　数値データからリスト4.43の変数を除いた比例尺度データ

```
In
num_features = sorted(list(set(train_df_num) - set➡
(nonratio_features)))
```

```
In
num_features
```

```
Out
['1stFlrSF',
 '2ndFlrSF',
```

```
 '3SsnPorch',
 'BedroomAbvGr',
 'BsmtFinSF1',
 'BsmtFinSF2',
 'BsmtFullBath',
 'BsmtHalfBath',
 'BsmtUnfSF',
 'EnclosedPorch',
 'Fireplaces',
 'FullBath',
 'GarageArea',
 'GarageCars',
 'GarageYrBlt',
 'GrLivArea',
 'HalfBath',
 'KitchenAbvGr',
 'LotArea',
 'LotFrontage',
 'LowQualFinSF',
 'MasVnrArea',
 'MiscVal',
 'OpenPorchSF',
 'PoolArea',
 'SalePrice',
 'ScreenPorch',
 'TotRmsAbvGrd',
 'TotalBsmtSF',
 'WoodDeckSF']
```

　train_df_numから特に比例尺度であるnum_featuresの列のみを
抜き出したものをtrain_df_num_rsとしておきます（リスト4.44）。

リスト4.44　比例尺度の列のみを抜き出す

In
```
train_df_num_rs = train_df_num[num_features]
```

多数のデータが0（ゼロ）の値である変数を確認する

欠損はしていないものの、多数の値が0となる変数がないか確認してみます。`describe()`で先ほどのデータの統計量を出した上で、3/4分位数が0、つまり全体の75%以上の値が0となる変数一覧を出してみます（リスト4.45）。

リスト4.45　3/4分位数が0となる変数を確認

In
```
for col in num_features:
    if train_df_num_rs.describe()[col]["75%"] == 0:
        print(col, len(train_df_num_rs[train_df_num_rs➡
[col] == 0]))
```

Out
```
3SsnPorch 1436
BsmtFinSF2 1293
BsmtHalfBath 1378
EnclosedPorch 1252
LowQualFinSF 1434
MiscVal 1408
PoolArea 1453
ScreenPorch 1344
```

リスト4.45の出力結果を見ると、Porch、Pool、Bath等に関するもののようです。**これらはそもそも存在するかどうか**ということが重要になってきそうです。

そこで、先ほどと同様に、Porch関連の変数、Bath関連のデータはまとめることにしましょう。これは次節の特徴量生成の際にまとめて行うことにします。

ある特定の値のみを持つ変数を確認する

次に、ある特定の値のみを持つ変数を確認してみます。例えば、Bsmt HalfBathは「洗面所と便器のみの部屋（浴室・シャワーなし）」の個数を意味しますが、0、1、2の3つの値のデータしか存在しないようです。これらの変数はカテゴリ変数化するか、有無（0、1）のデータにすることも検討します（リスト4.46）。

リスト4.46　ある特定の値のみしかとらないものを確認

In
```
for col in num_features:
    if train_df_num_rs[col].nunique() < 15:
        print(col, train_df_num_rs[col].nunique())
```

Out
```
BedroomAbvGr 8
BsmtFullBath 4
BsmtHalfBath 3
Fireplaces 4
FullBath 4
GarageCars 5
HalfBath 3
KitchenAbvGr 4
PoolArea 8
TotRmsAbvGrd 12
```

　ここまで、ほぼ0の値を持つもの、特定の値のみを持つもの、を見てきました。これらの変数以外で、外れ値を持つ変数があるか、確認してみましょう。

外れ値があるか確認する

　外れ値の算出ロジックはいくつかありますが、シンプルに「平均から標準偏差±3倍の範囲内に入っていないもの」としてみます（値が正規分布しているとした時、96%のデータは平均から標準偏差±3倍以内に入りますので、それ以外の値となります）。

　平均値を中心として、標準偏差3倍以上の値、あるいは、標準偏差3倍以下の値の数をカウントします（リスト4.47）。

リスト4.47　外れ値があるか確認

In
```
for col in num_features:

    tmp_df = train_df_num_rs[(train_df_num_rs[col] > ➡
train_df_num_rs[col].mean() + train_df_num_rs[col].➡
std()*3) | ¥
```

```
                                (train_df_num_rs[col] < ➡
    train_df_num_rs[col].mean() - train_df_num_rs[col].➡
    std()*3)]
        print(col, len(tmp_df))
```

Out

```
1stFlrSF 12
2ndFlrSF 4
3SsnPorch 23
BedroomAbvGr 14
BsmtFinSF1 6
BsmtFinSF2 50
BsmtFullBath 16
BsmtHalfBath 82
BsmtUnfSF 11
EnclosedPorch 51
Fireplaces 5
FullBath 0
GarageArea 7
GarageCars 0
GarageYrBlt 1
GrLivArea 16
HalfBath 12
KitchenAbvGr 68
LotArea 13
LotFrontage 12
LowQualFinSF 20
MasVnrArea 32
MiscVal 8
OpenPorchSF 27
PoolArea 7
SalePrice 22
ScreenPorch 55
TotRmsAbvGrd 12
TotalBsmtSF 10
WoodDeckSF 22
```

外れ値を含む変数の分布を可視化する

リスト4.47の出力結果をもとに、いくつかの変数について、分布を可視化してみましょう。縦軸に目的変数であるSalePriceを置いて、横軸に各変数をプロットしてみます。散布図はplot.scatter(x=x軸の変数, y=y軸の変数)とすることで表示できます（リスト4.48）。

リスト4.48 BsmtFinSF1とSalePriceの分布を可視化

In
```
all_df.plot.scatter(x="BsmtFinSF1", y="SalePrice")
```

Out
```
<matplotlib.axes._subplots.AxesSubplot at 0x12ef169d0>
```

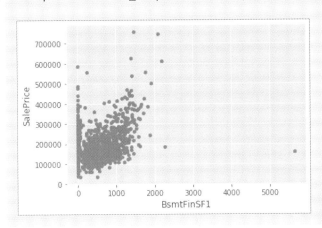

リスト4.48の出力結果を見ると、BsmtFinSF1は、0のものがある程度あり、それ以外では、BsmtFinSF1が広いほどSalePriceが高くなる傾向が見てとれます。ただし、リスト4.48のプロットの中で、異様にBsmtFinSF1が広いものの、SalePriceが高くないものがあります。調べてみましょう（リスト4.49）。

リスト4.49 BsmtFinSF1が広いもののSalePriceが高くないものを確認

In
```
all_df[all_df["BsmtFinSF1"] > 5000]
```

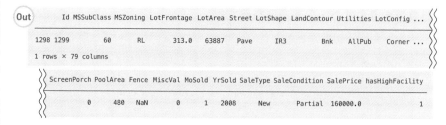

	Id	MSSubClass	MSZoning	LotFrontage	LotArea	Street	LotShape	LandContour	Utilities	LotConfig	...
1298	1299	60	RL	313.0	63887	Pave	IR3		Bnk	AllPub	Corner	...

1 rows × 79 columns

ScreenPorch	PoolArea	Fence	MiscVal	MoSold	YrSold	SaleType	SaleCondition	SalePrice	hasHighFacility
0	480	NaN	0	1	2008	New	Partial	160000.0	1

別の変数も同様に見ていきましょう（リスト4.50〜4.52）。

リスト4.50 TotalBsmtSF と SalePriceの分布を可視化

In

```python
all_df.plot.scatter(x="TotalBsmtSF", y="SalePrice")
```

Out

```
<matplotlib.axes._subplots.AxesSubplot at 0x12f9754d0>
```

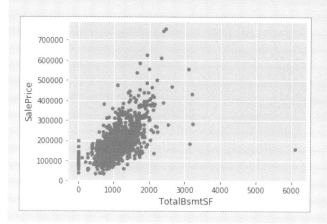

In

```python
all_df[all_df["TotalBsmtSF"] > 6000]
```

Out

	Id	MSSubClass	MSZoning	LotFrontage	LotArea	Street	LotShape	LandContour	Utilities	LotConfig	...
1298	1299	60	RL	313.0	63887	Pave	IR3		Bnk	AllPub	Corner	...

1 rows × 79 columns

ScreenPorch	PoolArea	Fence	MiscVal	MoSold	YrSold	SaleType	SaleCondition	SalePrice	hasHighFacility
0	480	NaN	0	1	2008	New	Partial	160000.0	1

リスト4.51 GrLivArea と SalePrice の分布を可視化

`In`
```
all_df.plot.scatter(x="GrLivArea", y="SalePrice")
```

`Out`
```
<matplotlib.axes._subplots.AxesSubplot at 0x12e4de250>
```

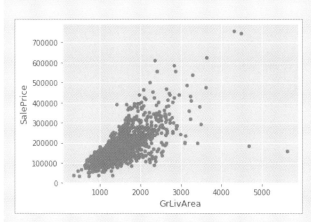

`In`
```
all_df[all_df["GrLivArea"] > 5000]
```

`Out`

	Id	MSSubClass	MSZoning	LotFrontage	LotArea	Street	LotShape	LandContour	Utilities	LotConfig	...
1298	1299	60	RL	313.0	63887	Pave	IR3	Bnk	AllPub	Corner	...
2549	2550	20	RL	128.0	39290	Pave	IR1	Bnk	AllPub	Inside	...

2 rows × 79 columns

	ScreenPorch	PoolArea	Fence	MiscVal	MoSold	YrSold	SaleType	SaleCondition	SalePrice	hasHighFacility
	0	480	NaN	0	1	2008	New	Partial	160000.0	1
	0	0	NaN	17000	10	2007	New	Partial	NaN	0

リスト4.52 1stFlrSF と SalePrice の分布を可視化

`In`
```
all_df.plot.scatter(x="1stFlrSF", y="SalePrice")
```

Out

```
<matplotlib.axes._subplots.AxesSubplot at 0x12fb4c4d0>
```

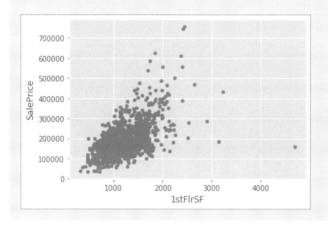

In

```
all_df[all_df["1stFlrSF"] > 4000]
```

Out

	Id	MSSubClass	MSZoning	LotFrontage	LotArea	Street	LotShape	LandContour	Utilities	LotConfig	...
1298	1299	60	RL	313.0	63887	Pave	IR3		Bnk	AllPub	Corner	...
2549	2550	20	RL	128.0	39290	Pave	IR1		Bnk	AllPub	Inside	...

2 rows × 79 columns

	ScreenPorch	PoolArea	Fence	MiscVal	MoSold	YrSold	SaleType	SaleCondition	SalePrice	hasHighFacility
	0	480	NaN	0	1	2008	New	Partial	160000.0	1
	0	0	NaN	17000	10	2007	New	Partial	NaN	0

　それぞれ横軸の各変数の値が増加するごとに縦軸のSalePriceの値が
増加しているようですが、ごく少数のデータでは、横軸の各値が大きいもの
のSalePriceが低いようです。そこで、**リスト4.53**のように、閾値を設
けて、外れ値を除外することにしました（**リスト5.53**では上記の値に加え
LotAreaについても外れ値を除外しました）。ここは実際には、いろいろ
調整してみるとよいでしょう。ここで外れ値を除外する時の注意点がありま
す。テストデータは、外れ値であっても除外すると予測ができないので、除
外しないようにしてください。**リスト4.53**は（学習データ・テストデータ
ともに）外れ値ではないデータあるいは、テストデータすべてを抽出という
処理となります。

リスト4.53　外れ値以外を抽出（テストデータはすべて抽出）

```
In
all_df = all_df[(all_df['BsmtFinSF1'] < 2000) | ➡
(all_df['SalePrice'].isnull())]
all_df = all_df[(all_df['TotalBsmtSF'] < 3000) | ➡
(all_df['SalePrice'].isnull())]
all_df = all_df[(all_df['GrLivArea'] < 4500) | ➡
(all_df['SalePrice'].isnull())]
all_df = all_df[(all_df['1stFlrSF'] < 2500) | ➡
(all_df['SalePrice'].isnull())]
all_df = all_df[(all_df['LotArea'] < 100000) | ➡
(all_df['SalePrice'].isnull())]
```

前処理した学習データでRMSEを計算する

　ここまでの結果をもとに、再度学習データでRMSEを計算してみます。まずはcategoriesの中から、リスト4.39で除外した3つの変数は取り除いておきます（リスト4.54）。

リスト4.54　categoriesの中から除外した3つの変数を削除

```
In
categories = categories.drop(["PoolQC","MiscFeature", ➡
"Alley"])
```

　次にP.185で説明したのと同様に欠損値をmissingに置き換えてall_dfのカテゴリ変数をcategoryに指定します（リスト4.55）。

リスト4.55　欠損値をmissingに置き換えてall_dfのカテゴリ変数をcategoryに指定

```
In
for cat in categories:
    le = LabelEncoder()
    print(cat)

    all_df[cat].fillna("missing", inplace=True)
    le = le.fit(all_df[cat])
```

```
    all_df[cat] = le.transform(all_df[cat])
    all_df[cat] = all_df[cat].astype("category")
```

Out MSZoning
Street
LotShape
LandContour
Utilities
LotConfig
LandSlope
Neighborhood
Condition1
Condition2
BldgType
HouseStyle
RoofStyle
RoofMatl
Exterior1st
Exterior2nd
MasVnrType
ExterQual
ExterCond
Foundation
BsmtQual
BsmtCond
BsmtExposure
BsmtFinType1
BsmtFinType2
Heating
HeatingQC
CentralAir
Electrical
KitchenQual
Functional

```
FireplaceQu
GarageType
GarageFinish
GarageQual
GarageCond
PavedDrive
Fence
SaleType
SaleCondition
```

その後で、`train_df_le`、`test_df_le`に分割します。`train_df_le`の`SalePrice`の対数をとることを忘れないようにしましょう（リスト4.56）。

リスト4.56　train_df_le と test_df_le に分割

```python
train_df_le = all_df[~all_df["SalePrice"].isnull()]
test_df_le = all_df[all_df["SalePrice"].isnull()]

train_df_le["SalePrice_log"] = np.log(train_df_le➡
["SalePrice"])
train_X = train_df_le.drop(["SalePrice","SalePrice_log",➡
"Id"], axis=1)
train_Y = train_df_le["SalePrice_log"]
```

```python
models = []
rmses = []
oof = np.zeros(len(train_X))

for train_index, val_index in kf.split(train_X):
    X_train = train_X.iloc[train_index]
    X_valid = train_X.iloc[val_index]
    y_train = train_Y.iloc[train_index]
    y_valid = train_Y.iloc[val_index]
```

```
    lgb_train = lgb.Dataset(X_train, y_train)
    lgb_eval = lgb.Dataset(X_valid, y_valid, reference=➡
lgb_train)

    model_lgb = lgb.train(lgbm_params,
                          lgb_train,
                          valid_sets=lgb_eval,
                          num_boost_round=100,
                          early_stopping_rounds=20,
                          verbose_eval=10,
                          )

    y_pred = model_lgb.predict(X_valid, num_iteration=➡
model_lgb.best_iteration)
    tmp_rmse = np.sqrt(mean_squared_error(y_valid, ➡
y_pred))
    print(tmp_rmse)

    models.append(model_lgb)
    rmses.append(tmp_rmse)
    oof[val_index] = y_pred
```

Out
```
Training until validation scores don't improve for 20 ➡
rounds
[10]    valid_0's l2: 0.0424478
[20]    valid_0's l2: 0.0222118
[30]    valid_0's l2: 0.0175757
[40]    valid_0's l2: 0.0165142
[50]    valid_0's l2: 0.0164264
[60]    valid_0's l2: 0.016285
[70]    valid_0's l2: 0.0163922
[80]    valid_0's l2: 0.0163238
Early stopping, best iteration is:
```

```
[62] valid_0's l2: 0.0162509
0.12745948164738202
Training until validation scores don't improve for 20 ➡
rounds
[10] valid_0's l2: 0.047333
[20] valid_0's l2: 0.0272932
[30] valid_0's l2: 0.0223134
[40] valid_0's l2: 0.0209381
[50] valid_0's l2: 0.0203039
[60] valid_0's l2: 0.0200215
[70] valid_0's l2: 0.0197188
[80] valid_0's l2: 0.0196559
[90] valid_0's l2: 0.0195579
[100] valid_0's l2: 0.0195231
Did not meet early stopping. Best iteration is:
[99] valid_0's l2: 0.0195208
0.13971669031954484
Training until validation scores don't improve for 20 ➡
rounds
[10] valid_0's l2: 0.0368757
[20] valid_0's l2: 0.0197062
[30] valid_0's l2: 0.0167971
[40] valid_0's l2: 0.0158749
[50] valid_0's l2: 0.0154922
[60] valid_0's l2: 0.0154062
[70] valid_0's l2: 0.0154788
Early stopping, best iteration is:
[56] valid_0's l2: 0.0153797
0.1240148833311436
```

In

```
sum(rmses)/len(rmses)
```

Out

```
0.13039701843269016
```

　リスト4.56の出力結果は、**0.13039701843269016**となり、リスト4.29の精度**0.13284034805621694**よりさらに精度を上げることができました。続いて新たな特徴量を生成して、さらなる精度向上を狙います。

さらに精度を上げてみよう！

4.8 説明変数の確認：特徴量を生成する

　続いて、説明変数を確認していきましょう。まずは`data discription`ファイルにざっと目を通すと、大きく次のような分類のデータがあることがわかります。

- 時間データ（`YearBuilt`（建築年）、`YearRemodAdd`（リノベーション年）、`YrSold`（販売年）など、時間に関する変数：5個）
- 広さデータ（`TotalBsmtSF`（地下の広さ）、`1stFlrSF`（1階の広さ）、`2ndFlrSF`（2階の広さ）、`GrLivArea`（居住エリアの広さ）など、広さに関する変数：16個）
- 設備数・許容数データ（`GarageCars`（ガレージに入る車の数）、`TotRmsAbvGrd`（部屋の数）など、設備数や許容数に関する変数：9個）
- 品質・分類データ（`OverallQual`（家の品質）、`OverallCond`（家の状態）など、品質・分類に関する変数：50個）

　時間に関する変数は、その変数同士で新たな変数が作れそうです。例えば、建築年から販売年までの経過年数（築何年か）などです。広さに関するデータは、設備数のデータで割ることで、例えば1つの部屋あたりの広さなどを算出することができるかもしれません。説明変数が多い場合、まずはこのように大きくデータ分類することで、新たな特徴量を生成する際の整理となります。

時間に関する変数の統計量を確認する

　まずは時間データから見ていきます。はじめに、異常値などがないかチェックしておきましょう（リスト4.57）。

リスト4.57　時間に関する変数の統計量を確認

```
In  all_df[["YearBuilt","YearRemodAdd","GarageYrBlt",➡
    "YrSold"]].describe()
```

Out

	YearBuilt	YearRemodAdd	GarageYrBlt	YrSold
count	2904.000000	2904.000000	2745.000000	2904.000000
mean	1971.234504	1984.217975	1978.061202	2007.792011
std	30.319059	20.907346	25.600996	1.316366
min	1872.000000	1950.000000	1895.000000	2006.000000
25%	1953.000000	1965.000000	1960.000000	2007.000000
50%	1973.000000	1993.000000	1979.000000	2008.000000
75%	2001.000000	2004.000000	2002.000000	2009.000000
max	2010.000000	2010.000000	2207.000000	2010.000000

　YearBuiltの最小値を確認すると、1872年築の非常に古い家が含まれていることがわかります。ただ、ひとまず、おかしなデータ（あまりに古いデータや2010年以降のデータ、年数としておかしな桁のデータ）は含まれていなそうです。

時間に関する変数を組み合わせて新たな特徴量を作成する

　まずはリスト4.58のように販売した年は、築何年経過していたかという特徴量を追加し、再度学習を実行します。

リスト4.58　特徴量を追加

In
```
all_df["Age"] = all_df["YrSold"] - all_df["YearBuilt"]
```

In
```
(…略：リスト4.56を再度実行…)
```

Out
```
(…略…)
```

In
```
sum(rmses)/len(rmses)
```

Out
```
0.12968959614926723
```

すると**リスト4.58**の出力結果のようにRMSEが`0.12968959614926`
`723`となり、さらに若干精度がよくなりました。

> **メモ**
>
> **その他の時間関連の特徴量生成について：**
> なお、**リスト4.58**以外にも、時間データから、「リノベーションからの経過年数」
> 「築何年経過してからリノベーションしたか」「販売までにガレージ建築から何年
> 経過していたか」なども作成できますが、それらは追加したところ精度はむしろ悪
> くなりました（**リスト4.59**）。何を加えるとよいかは、仮説および実際にやって
> みた結果を確認して試行錯誤してみましょう。
>
> **リスト4.59**　他の変数を追加
>
> ```
> # 販売した年はリノベーションしてから何年経過していたか（リノベー→
> ションしていない場合、Age（築年数）と同じ）
> all_df["RmdAge"] = all_df["YrSold"] - →
> all_df["YearRemodAdd"]
>
> # 販売した年はガレージ建築から何年経過していたか
> all_df["GarageAge"] = all_df["YrSold"] - →
> all_df["GarageYrBlt"]
>
> # 築何年たってから、リノベーションしたか
> all_df["RmdTiming"] = all_df["YearRemodAdd"] - →
> all_df["YearBuilt"]
> ```

広さ関連の変数から新たな特徴量を作成する

次に広さに関するデータを確認しておきます（**リスト4.60**）。

リスト4.60　広さに関する変数の統計量を確認

```
all_df[["LotArea","MasVnrArea","BsmtUnfSF", →
"TotalBsmtSF", "1stFlrSF", "2ndFlrSF", "LowQualFinSF", →
"GrLivArea", "GarageArea","WoodDeckSF", "OpenPorchSF", →
"EnclosedPorch", "3SsnPorch", "ScreenPorch", →
"PoolArea", "LotFrontage"]].describe()
```

Out

	LotArea	MasVnrArea	BsmtUnfSF	TotalBsmtSF	1stFlrSF	2ndFlrSF	LowQualFinSF	GrLivArea
count	2904.000000	2882.000000	2903.000000	2903.000000	2904.000000	2904.000000	2904.000000	2904.000000
mean	9912.604683	101.191187	559.850499	1043.794006	1152.707300	336.355372	4.718664	1493.781336
std	5178.128224	177.804595	438.438879	420.008348	377.291394	427.355787	46.515308	491.149725
min	1300.000000	0.000000	0.000000	0.000000	334.000000	0.000000	0.000000	334.000000
25%	7448.250000	0.000000	220.000000	791.500000	875.750000	0.000000	0.000000	1124.000000
50%	9422.000000	0.000000	467.000000	988.000000	1080.000000	0.000000	0.000000	1441.000000
75%	11503.000000	164.000000	802.500000	1296.000000	1381.250000	704.000000	0.000000	1739.250000
max	70761.000000	1600.000000	2336.000000	5095.000000	5095.000000	1872.000000	1064.000000	5095.000000

GarageArea	WoodDeckSF	OpenPorchSF	EnclosedPorch	3SsnPorch	ScreenPorch	PoolArea	LotFrontage
2903.000000	2904.000000	2904.000000	2904.000000	2904.000000	2904.000000	2904.000000	2425.000000
471.632794	93.265840	47.226584	22.988636	2.615702	16.086777	1.907025	69.071340
214.551791	125.855568	67.195477	64.055325	25.252464	56.245764	33.082892	22.662001
0.000000	0.000000	0.000000	0.000000	0.000000	0.000000	0.000000	21.000000
319.500000	0.000000	0.000000	0.000000	0.000000	0.000000	0.000000	59.000000
478.000000	0.000000	26.000000	0.000000	0.000000	0.000000	0.000000	68.000000
576.000000	168.000000	69.250000	0.000000	0.000000	0.000000	0.000000	80.000000
1488.000000	1424.000000	742.000000	1012.000000	508.000000	576.000000	800.000000	313.000000

　LotAreaは非常に広い家があることや、Porchがない家が多いことな
どに注意しましょう。

　広さ関連の特徴量として「各階トータルの広さ」、「お風呂の数の合計」を
追加してみます（リスト4.61）。

リスト4.61　広さの変数から追加するもの

In

```
all_df["TotalSF"] = all_df["TotalBsmtSF"] + ⮕
all_df["1stFlrSF"] + all_df["2ndFlrSF"]
all_df["Total_Bathrooms"] = all_df["FullBath"] + ⮕
all_df["HalfBath"] + all_df["BsmtFullBath"] + ⮕
all_df["BsmtHalfBath"]
```

　その他、Porchの広さの合計も特徴量として追加してみます（リスト4.62）。

リスト4.62　Porchの広さの合計も特徴量として追加

In

```
all_df["Total_PorchSF"] = all_df["WoodDeckSF"] + ⮕
all_df["OpenPorchSF"] + all_df["EnclosedPorch"] + ⮕
all_df["3SsnPorch"] + all_df["ScreenPorch"]
```

ただし、Porchはない家が多かったので、ここではPorchの広さの合計を、Porchがあるかないかの0、1の値に変換します。変換後は、もとのTotal_PorchSFは削除しておきます（リスト4.63）。

リスト4.63　Porchの広さの合計をPorchがあるかないかの0、1の値に変換

```
In
all_df["hasPorch"] = all_df["Total_PorchSF"].➡
apply(lambda x: 1 if x > 0 else 0)
all_df = all_df.drop("Total_PorchSF",axis=1)
```

これらの特徴量を追加することで、どこまで精度が上がるかをリスト4.64で確認してみます（リスト4.56を再実行）。

リスト4.64　精度を確認

```
In
…（略：リスト4.56を再度実行）…
```

```
Out
…（略）…
```

```
In
sum(rmses)/len(rmses)
```

```
Out
0.128396868966143
```

リスト4.64の出力結果を見ると、0.128396868966143となり、再び精度を上げることができました。

4.9 ハイパーパラメータを最適化する

　最後に、ハイパーパラメータを最適化します。ここまでは、デフォルトのハイパーパラメータで実行していましたが、前章同様、ハイパーパラメータを調整することを考えます。ここではハイパーパラメータチューニング用のパッケージである**Optuna**を用いた方法を見ていきます。

ハイパーパラメータの最適化に**Optuna**を利用する

　ハイパーパラメータは、1つを変更するだけでは精度が向上しないことも多く、複数のハイパーパラメータを同時に変更していくことが必要です。しかし、いちいち手動、あるいは for 文を使い総当たりで、いくつものハイパーパラメータの値の組み合わせをテストするのは大変です。

　そこで、Python には、様々なハイパーパラメータ最適化用のライブラリがあります。昔からよく使われているグリッドサーチを用いたライブラリや、ベイズ最適化によりグリッドサーチよりも計算量を大幅に改善したものなどがあります。

　ベイズ最適化を用いた手法の中でも、近年、PFN（プリファードネットワークス）により開発された**Optuna**（ **URL** https://preferred.jp/ja/projects/optuna/）というライブラリが、効果的なハイパーパラメータを効率的に選択してくれますので、そちらを用いることにします。

　なお、本書では詳細の解説は割愛しますが、原理を知りたい方は、PFNのサイトを参照するとよいでしょう（図4.10）。

図4.10：PFNのOptuna解説ページ

URL https://preferred.jp/ja/projects/optuna/

Optunaのライブラリをインストール・インポートする

Aanconda（Windows）のコマンドプロンプトもしくはmacOSのターミナル上でOptunaのライブラリをインストールします。

コマンドプロンプト/ターミナル

```
pip install optuna
```

KaggleではデフォルトでOptunaのライブラリがインストールされているので、インストールは不要です。

Optunaのライブラリをインストールしたら、インポートします（**リスト4.65**）。

リスト4.65　Optunaのライブラリのインポート

In

```
import optuna
```

Optunaを実装する

　実装の仕方は、Optunaの特設サイト（**URL** https://optuna.org/）にて、LightGBMへの適用についてのサンプルコードが掲載されているので、そちらにそって実行していきます（図4.11）。

図4.11：Optuna特設サイトにおける各種実装サンプル

　Optunaは下記の3つのステップで実行していきます。

1. はじめにモデルの学習フローおよび改善したい精度を定義します。
2. モデルで調整したいハイパーパラメータ、および探索範囲を記述します。
3. トライアル回数を決めて最適化を実行します。

学習データ、検証データを作成する

まずは、学習用に、学習データと検証データを作成しておきましょう。前章と同じく、`train_test_split()`を用います（リスト4.66）。ここでは`random_state=1234`, `shuffle=False`, `stratify=None`でデータの分割を固定しておきます。

リスト4.66　学習データと検証データを作成

```
In
from sklearn.model_selection import train_test_split
```

```
In
X_train, X_valid, y_train, y_valid = train_test_split➡
(train_X, train_Y, test_size=0.2, random_state=1234, ➡
shuffle=False, stratify=None)
```

ハイパーパラメータを最適化する

ここでは、`num_leaves`、`max_bin`、`bagging_fraction`、`bagging_freq`、`feature_fraction`、`min_data_in_leaf`、`min_sum_hessian_in_leaf`を最適化させることにします（リスト4.67）。また、併せて、これまでより長く細かく学習させるために、`learning_rate`（学習率：どれだけ1回の学習を次の学習に反映させるか）を`0.05`、`n_estimators`（学習回数）を`1000`に固定しておきます。なお、LightGBMにおいて調整可能なハイパーパラメータ、初期値、および各値の意味は、LightGBM公式ページ（ URL https://lightgbm.readthedocs.io/en/latest/Parameters.html）にまとめられているので、確認してください。なお、`bagging_fraction`、`feature_fraction`の最適化は環境によって実行結果が異なる可能性があります。ここでは筆者の実行結果を参考として掲載しておきます。

リスト4.67　Optunaでハイパーパラメータを最適化する

```
In
def objective(trial):
    params = {
        "objective":"regression",
```

```
        "random_seed":1234,
        "learning_rate":0.05,
        "n_estimators":1000,

        "num_leaves":trial.suggest_int("num_leaves", ➡
4,64),
        "max_bin":trial.suggest_int("max_bin",50,200),
        "bagging_fraction":trial.suggest_uniform➡
("bagging_fraction",0.4,0.9),
        "bagging_freq":trial.suggest_int("bagging_freq", ➡
1,10),
        "feature_fraction":trial.suggest_uniform➡
("feature_fraction",0.4,0.9),
        "min_data_in_leaf":trial.suggest_int➡
("min_data_in_leaf",2,16),
        "min_sum_hessian_in_leaf":trial.suggest_int➡
("min_sum_hessian_in_leaf",1,10),
    }

    lgb_train = lgb.Dataset(X_train, y_train)
    lgb_eval = lgb.Dataset(X_valid, y_valid, ➡
reference=lgb_train)

    model_lgb = lgb.train(params, lgb_train,
                          valid_sets=lgb_eval,
                          num_boost_round=100,
                          early_stopping_rounds=20,
                          verbose_eval=10,)

    y_pred = model_lgb.predict(X_valid, num_iteration=➡
model_lgb.best_iteration)
    score =  np.sqrt(mean_squared_error(y_valid, y_pred))

    return score
```

```
study = optuna.create_study(sampler=optuna.samplers. ➡
RandomSampler(seed=0))
study.optimize(objective, n_trials=50)
study.best_params
```

```
Training until validation scores don't improve for 20 ➡
rounds
[10]  valid_0's l2: 0.0650613
[20]  valid_0's l2: 0.0350252
[30]  valid_0's l2: 0.0243811
[40]  valid_0's l2: 0.0200293
[50]  valid_0's l2: 0.0178734
[60]  valid_0's l2: 0.0172096
[70]  valid_0's l2: 0.0166336
[80]  valid_0's l2: 0.0162864
[90]  valid_0's l2: 0.0160433
[100] valid_0's l2: 0.0159939
[110] valid_0's l2: 0.0159343
[120] valid_0's l2: 0.0157958
[130] valid_0's l2: 0.0157909
[140] valid_0's l2: 0.0158547
Early stopping, best iteration is:
[126] valid_0's l2: 0.0157768
[I 2020-09-22 21:11:00,422] Finished trial#0 resulted ➡
in value: 0.1256058007495133. Current best value is ➡
0.1256058007495133 with parameters: {'num_leaves': 48, ➡
'max_bin': 97, 'bagging_fraction': 0.7575946831862097, ➡
'bagging_freq': 4, 'feature_fraction': 0.8289728088113784, ➡
'min_data_in_leaf': 9, 'min_sum_hessian_in_leaf': 10}.
(…略…)
Training until validation scores don't improve for 20 ➡
rounds
[10]  valid_0's l2: 0.0685861
[20]  valid_0's l2: 0.0390956
```

```
[30] valid_0's l2: 0.0273039
[40] valid_0's l2: 0.0211554
[50] valid_0's l2: 0.0179925
[60] valid_0's l2: 0.016417
[70] valid_0's l2: 0.0155609
[80] valid_0's l2: 0.0153566
[90] valid_0's l2: 0.0149536
[100] valid_0's l2: 0.0149536
[110] valid_0's l2: 0.0147924
[120] valid_0's l2: 0.0147157
[130] valid_0's l2: 0.0145115
[140] valid_0's l2: 0.0144213
[150] valid_0's l2: 0.0142635
[160] valid_0's l2: 0.0141178
[170] valid_0's l2: 0.0142587
[180] valid_0's l2: 0.0140981
[190] valid_0's l2: 0.0140712
[200] valid_0's l2: 0.0139811
[210] valid_0's l2: 0.01397
[220] valid_0's l2: 0.0140402
[230] valid_0's l2: 0.0141884
Early stopping, best iteration is:
[213] valid_0's l2: 0.0139371
[I 2020-09-22 21:11:32,042] Finished trial#49 resulted ➡
in value: 0.1180553093101515. Current best value is ➡
0.11399917293644356 with parameters: {'num_leaves': 12, ➡
'max_bin': 189, 'bagging_fraction': 0.8319278029616157, ➡
'bagging_freq': 5, 'feature_fraction': 0.4874544371547538, ➡
'min_data_in_leaf': 13, 'min_sum_hessian_in_leaf': 4}.
```

Out
```
{'num_leaves': 12,
 'max_bin': 189,
 'bagging_fraction': 0.8319278029616157,
 'bagging_freq': 5,
```

```
  'feature_fraction': 0.4874544371547538,
  'min_data_in_leaf': 13,
  'min_sum_hessian_in_leaf': 4}
```

　リスト4.67の出力結果では、50回の試行内でもっとも精度の高かったハイパーパラメータが表示されます。何度か調整するハイパーパラメータや範囲を変更して試行錯誤してみるとよいかと思います。ただ、あまりハイパーパラメータの調整自体に時間をかけすぎないようにしましょう。

　筆者の環境では、リスト4.67のようなハイパーパラメータが得られましたので、こちらを設定して、再度クロスバリデーション（リスト4.56のmodels = []以降を再度実行）をした結果を確認してみます（リスト4.68）。

リスト4.68　得られたハイパーパラメータを設定してクロスバリデーション

```
In
lgbm_params = {
    "objective":"regression",
    "random_seed":1234,
    "learning_rate":0.05,
    "n_estimators":1000,
    "num_leaves":12,
    "bagging_fraction": 0.8319278029616157,
    "bagging_freq": 5,
    "feature_fraction": 0.4874544371547538,
    "max_bin":189,
    "min_data_in_leaf":13,
    "min_sum_hessian_in_leaf":4
  }
```

```
In
… (略：リスト4.56のmodels = []以降を再度実行) …
```

```
Out
Training until validation scores don't improve for 20 ➡
rounds
[10] valid_0's l2: 0.0779167
```

```
[20] valid_0's l2: 0.04385
[30] valid_0's l2: 0.0290763
[40] valid_0's l2: 0.0218783
[50] valid_0's l2: 0.0180768
[60] valid_0's l2: 0.0162982
[70] valid_0's l2: 0.015008
[80] valid_0's l2: 0.0144293
[90] valid_0's l2: 0.0139318
[100] valid_0's l2: 0.0136112
[110] valid_0's l2: 0.0135108
[120] valid_0's l2: 0.0133217
[130] valid_0's l2: 0.0132203
[140] valid_0's l2: 0.0132562
Early stopping, best iteration is:
[127] valid_0's l2: 0.0132149
0.11495850207924808
(…略…)
Training until validation scores don't improve for 20 ➡
rounds
[10] valid_0's l2: 0.068115
[20] valid_0's l2: 0.0388905
[30] valid_0's l2: 0.0258797
[40] valid_0's l2: 0.0198979
[50] valid_0's l2: 0.0170852
[60] valid_0's l2: 0.0157192
[70] valid_0's l2: 0.0149827
[80] valid_0's l2: 0.014483
[90] valid_0's l2: 0.0139921
[100] valid_0's l2: 0.0138117
[110] valid_0's l2: 0.0136653
[120] valid_0's l2: 0.0136954
Early stopping, best iteration is:
[109] valid_0's l2: 0.0136456
0.1168145035478684
```

```
In    sum(rmses)/len(rmses)
```

```
Out   0.1217730315564034
```

リスト4.64の0.128396868966143から0.1217730315564034とさらに精度を上げることができました。

Kaggleに結果をsubmitする

それでは、ここまでの結果をKaggleにsubmit（投稿）してみます。

テストデータを用意する

まずはテストデータを用意します（リスト4.69）。

リスト4.69　テストデータを用意

```
In    test_X = test_df_le.drop(["SalePrice", "Id"], axis=1)
```

学習したモデルでテストデータの目的変数を予測する

その後で、クロスバリデーションで作成した3つのモデルを用いて、各予測値を算出して、predsリストに入れます（リスト4.70）。

リスト4.70　クロスバリデーションごとの各モデルで予測値を算出

```
In    preds = []

      for model in models:
          pred = model.predict(test_X)
          preds.append(pred)
```

predsの平均を計算し、preds_meanとして取得します（リスト4.71）。

リスト4.71　predsの平均を計算してpreds_meanとして取得

```
In
preds_array = np.array(preds)
preds_mean = np.mean(preds_array, axis=0)
```

予測値をもとのスケールに戻す

対数をとった値を予測していたので、最後にもとのスケールに戻しておくことを忘れないようにしましょう（リスト4.72）。

リスト4.72　もとのスケールに戻す

```
In
preds_exp = np.exp(preds_mean)
```

```
In
len(preds_exp)
```

```
Out
1459
```

予測値からsubmissionファイルを作成する

この予測値をsubmissionファイルのSalePriceの値として置き換えます（リスト4.73）。

リスト4.73　予測値をSalePriceの値として置き換え

```
In
submission["SalePrice"] = preds_exp
```

CSVファイルとして書き出す

次にCSVファイルとして書き出ます。

Anaconda（Windows）、macOSでJupyter Notebookを利用する場合、リスト4.74を実行します。

リスト4.74 CSVファイルとして書き出す（Anaconda（Windows）、
macOSでJupyter Notebookを利用する場合）

```
In
submission.to_csv("./submit/houseprices_submit01.csv",  ➡
index=False)
```

Kaggleの場合、リスト4.75を実行します。

リスト4.75 CSVファイルとして書き出す（Kaggleの場合）

```
In
submission.to_csv("houseprices_submit01.csv",index=False)
```

Kaggleに結果をsubmitする

それでは、第3章の「3.9　Kaggleに結果をsubmitする」を参照の上、
KaggleにCSVファイルをsubmit（投稿）して、スコアを確認してみましょ
う（図4.12）。

図4.12：これまでの予測結果の投稿

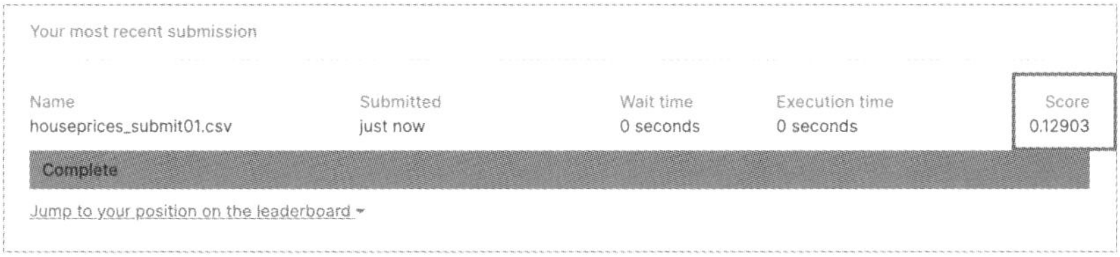

Your most recent submission				
Name houseprices_submit01.csv	Submitted just now	Wait time 0 seconds	Execution time 0 seconds	Score 0.12903
Complete				
Jump to your position on the leaderboard ▾				

Scoreは**0.12903**という結果となりました。

4.10 様々な機械学習手法による アンサンブル

ここまで本書では扱いやすい機械学習手法としてLightGBMを用いてきましたが、もちろん他にも多くの機械学習手法があります。ここからは、様々な機械学習手法を紹介し、その予測結果を組み合わせて、さらに精度を向上させることを考えます。

ランダムフォレストで学習する

まずは、前章で紹介した、決定木を複数組み合わせるランダムフォレストを実装してみましょう（図4.13）。

ランダムフォレストは、単体での精度は、LightGBMなどのGradient Boosting Decision Treeの手法と比べて一般的に劣りますが、LightGBMなどの予測結果と組み合わせるために、依然としてよく利用されています。

図4.13：ランダムフォレストの仕組み（再掲）

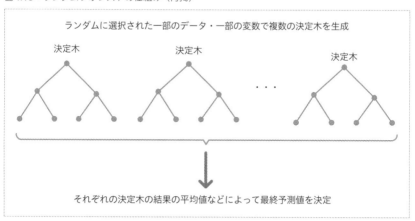

ランダムフォレストのライブラリを読み込む

使い方はLightGBMと同じような流れとなります。まずはライブラリを読み込みます。ちなみにランダムフォレストは分類タスク（RandomForest Classifier）と回帰タスク（RandomForestRegressor）で異なるライブラ

リとなります。今回は回帰タスクのため、「RandomForestRegressor」となります（リスト4.76）。

リスト4.76 ランダムフォレスト用のライブラリの読み込み

```
from sklearn.ensemble import RandomForestRegressor as rf
```

LotFrontageの欠損値を削除する

ランダムフォレストは、LightGBMと異なり、欠損値をそのまま扱うことができません。そこで欠損値は中央値でひとまず補完しておきます（平均ではなく、中央値としたのは、MasVnrAreaのような変数は半分以上のデータが0で、残りのデータのみにデータが存在していること、異常値の影響を受けにくいこと、などを考慮したためです）。この中で、LotFrontageについては欠損値が多いので、補完するのではなく変数自体を削除してもよいでしょう。

欠損値を含む変数を確認する

まずhasnan_catというnanを含む変数を格納する配列を用意します。

次にall_dfの各変数についてfor文でループし、各変数ごとにall_df[col].isnull().sum()で欠損値の合計を出します。もし、欠損値が1つ以上存在し、かつ目的変数（SalePrice）ではない場合に、その変数名と欠損値の数を表示し、hasnan_catに格納します（リスト4.77）。

リスト4.77 欠損値を含む変数を確認

```
hasnan_cat = []

for col in all_df.columns:
    tmp_null_count = all_df[col].isnull().sum()
    if (tmp_null_count > 0) & (col != "SalePrice"):
        print(col, tmp_null_count)
        hasnan_cat.append(col)
```

```
Out   LotFrontage 479
      MasVnrArea 22
      BsmtFinSF1 1
      BsmtFinSF2 1
      BsmtUnfSF 1
      TotalBsmtSF 1
      BsmtFullBath 2
      BsmtHalfBath 2
      GarageYrBlt 159
      GarageCars 1
      GarageArea 1
      TotalSF 1
      Total_Bathrooms 2
```

欠損値を含む変数の統計量を確認する

hasnan_catに含まれる変数の概要をdescribe()で確認してみます。
前述の通り半分以上のデータが0となる変数があるようです（リスト4.78）。

リスト4.78　hasnan_catに含まれる変数を確認

```
In   all_df[hasnan_cat].describe()
```

Out

	LotFrontage	MasVnrArea	BsmtFinSF1	BsmtFinSF2	BsmtUnfSF	TotalBsmtSF	BsmtFullBath
count	2425.000000	2882.000000	2903.000000	2903.000000	2903.000000	2903.000000	2902.000000
mean	69.071340	101.191187	434.926628	49.016879	559.850499	1043.794006	0.426258
std	22.662001	177.804595	440.128728	168.444473	438.438879	420.008348	0.522410
min	21.000000	0.000000	0.000000	0.000000	0.000000	0.000000	0.000000
25%	59.000000	0.000000	0.000000	0.000000	220.000000	791.500000	0.000000
50%	68.000000	0.000000	365.000000	0.000000	467.000000	988.000000	0.000000
75%	80.000000	164.000000	728.500000	0.000000	802.500000	1296.000000	1.000000
max	313.000000	1600.000000	4010.000000	1526.000000	2336.000000	5095.000000	3.000000

BsmtHalfBath	GarageYrBlt	GarageCars	GarageArea	TotalSF	Total_Bathrooms
2902.000000	2745.000000	2903.000000	2903.000000	2903.000000	2902.000000
0.061337	1978.061202	1.763348	471.632794	2533.060971	2.431771
0.245667	25.600996	0.761410	214.551791	764.699033	0.937184
0.000000	1895.000000	0.000000	0.000000	334.000000	1.000000
0.000000	1960.000000	1.000000	319.500000	1998.500000	2.000000
0.000000	1979.000000	2.000000	478.000000	2444.000000	2.000000
0.000000	2002.000000	2.000000	576.000000	2985.000000	3.000000
2.000000	2207.000000	5.000000	1488.000000	10190.000000	8.000000

欠損値を各変数の中央値で補完する

ここではP.245で説明した通り、欠損値を各変数の中央値で補完することにします。`all_df[col].median()`で各変数の中央値が算出できるので、`fillna`の中にその値を指定します（リスト4.79）。

リスト4.79 欠損値を各変数の中央値で補完

```
for col in all_df.columns:
    tmp_null_count = all_df[col].isnull().sum()
    if (tmp_null_count > 0) & (col != "SalePrice"):
        print(col, tmp_null_count)
        all_df[col] = all_df[col].fillna(all_df[col].➡
median())
```

```
LotFrontage 479
MasVnrArea 22
BsmtFinSF1 1
BsmtFinSF2 1
BsmtUnfSF 1
TotalBsmtSF 1
BsmtFullBath 2
BsmtHalfBath 2
GarageYrBlt 159
GarageCars 1
GarageArea 1
TotalSF 1
Total_Bathrooms 2
```

ランダムフォレストを用いて学習・予測する

以降はこれまでのLightGBMのコードとほぼ同様です。`SalePrice`の対数をとって学習してみます（リスト4.80）。なお環境によって多少異なる結果となる可能性があります。

リスト4.80　SalePrice の対数をとって学習

```python
train_df_le = all_df[~all_df["SalePrice"].isnull()]
test_df_le = all_df[all_df["SalePrice"].isnull()]
train_df_le["SalePrice_log"] = np.log(train_df_le➡
["SalePrice"])
```

```python
train_X = train_df_le.drop(["SalePrice","SalePrice_log",➡
"Id"], axis=1)
train_Y = train_df_le["SalePrice_log"]
```

```python
folds = 3
kf = KFold(n_splits=folds)
```

```python
models_rf = []
rmses_rf = []
oof_rf = np.zeros(len(train_X))

for train_index, val_index in kf.split(train_X):

    X_train = train_X.iloc[train_index]
    X_valid = train_X.iloc[val_index]
    y_train = train_Y.iloc[train_index]
    y_valid = train_Y.iloc[val_index]

    model_rf = rf(
        n_estimators=50,
        random_state=1234
    )

    model_rf.fit(X_train, y_train)

    y_pred = model_rf.predict(X_valid)
    tmp_rmse = np.sqrt(mean_squared_error(y_valid, ➡
y_pred))
```

```
    print(tmp_rmse)

    models_rf.append(model_rf)
    rmses_rf.append(tmp_rmse)
    oof_rf[val_index] = y_pred
```

Out
```
0.1378839701821788
0.14123101445826738
0.12916852104906001
```

In
```
sum(rmses_rf)/len(rmses_rf)
```

Out
```
0.13609450189650205
```

結果をCSVファイルとして書き出す

LightGBMには及ばないものの、まずまずのスコアが出ました。一応、この結果をKaggle上にsubmitして、どの程度のスコアとなるか確認してみます。まずはテストデータでクロスバリデーションの各モデルで予測値を算出し、その平均を計算します（リスト4.81）。前の章でも説明しましたが、結果をCSVファイルとして書き出すには`DataFrame名.to_csv("ファイル名")`とします。行番号は不要なので、`index=False`とします。Anaconda（Windows）、macOSでJupyter Notebookを利用する場合、リスト4.82を実行します。

リスト4.81　テストデータで各クロスバリデーションのモデルで予測値を算出

In
```
test_X = test_df_le.drop(["SalePrice","Id"], axis=1)
```

In
```
preds_rf = []
for model in models_rf:
    pred = model.predict(test_X)
    preds_rf.append(pred)
```

```
In    preds_array_rf = np.array(preds_rf)
      preds_mean_rf = np.mean(preds_array_rf, axis=0)
      preds_exp_rf = np.exp(preds_mean_rf)
      submission["SalePrice"] = preds_exp_rf
```

リスト4.82　CSVファイルの書き出し
　　　　　（Anaconda（Windows）、macOSでJupyter Notebookを利用する場合）

```
In    submission.to_csv("./submit/houseprices_submit02.csv",➡
      index=False)
```

Kaggleの場合、リスト4.83を実行します。

リスト4.83　CSVファイルの書き出し（Kaggleの場合）

```
In    submission.to_csv("houseprices_submit02.csv",index=False)
```

Kaggleに結果をsubmitする

第3章の「3.9　Kaggleに結果をsubmitする」を参照の上、KaggleにCSVファイルをsubmit（投稿）して、スコアを確認します。スコアは「0.14725」となりました（図4.14）。

図4.14：ランダムフォレストの予測結果

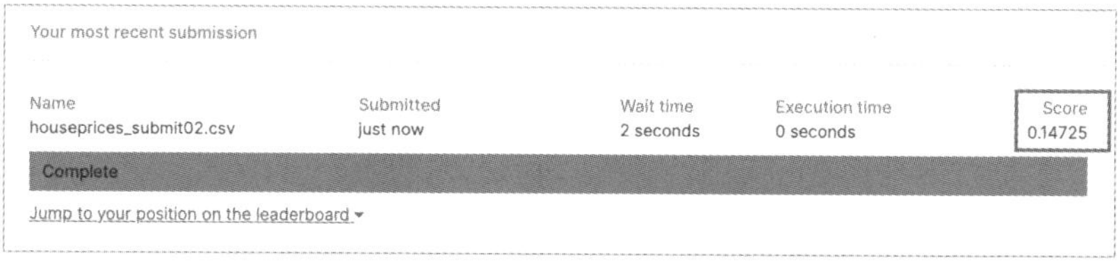

XGBoostで学習する

さて、続いては、LightGBMと同じGradient Boosting Decision Treeの実装である**XGBoost**を試してみます。

XGBoostは、非常に精度が高く、予測タスクにおいて重宝されていたの

ですが、実行速度でLightGBMが勝ることで、近年、大容量データの予測タスクではLightGBMが広く使用されているように思います。ただし、XGBoostも、LightGBMを用いた学習で特徴量生成や前処理が終わった後に、最後の予測結果の組み合わせに活用されることが多い印象です。

XGBoostのライブラリをインストール・インポートする

Anaconda（Widnows）のコマンドプロンプト、もしくはmacOSのターミナル上でXGBoostのライブラリをインストールします。

コマンドプロンプト/ターミナル

```
pip install xgboost
```

KaggleではデフォルトでXGBoostのライブラリがインストールされているので、インストールは不要です。

XGBoostのライブラリをインストールしたら、インポートします（リスト4.84）。

リスト4.84 XGBoostのライブラリのインポート

In
```
import xgboost as xgb
```

XGBoostを実装する

XGBoostもLightGBMと似たような実装となります。ただし、XGBoostでは、category変数を読み込むことはできないため、int型に変換しておきましょう（リスト4.85）。

リスト4.85 category変数をint型に変換する

In
```
categories = train_X.columns[train_X.dtypes == "category"]
```

In
```
for col in categories:
    train_X[col] = train_X[col].astype("int8")
    test_X[col] = test_X[col].astype("int8")
```

Optunaでハイパーパラメータを調整する

せっかくなので、XGBoost も Optuna でハイパーパラメータを調整してみましょう（リスト4.86）。なお、`colsample_bytree`、`subsample`は環境によって結果が異なる可能性があります。リスト4.86は筆者の実行結果を掲載しています。

リスト4.86　Optunaでハイパーパラメータを調整

```
In
X_train, X_valid, y_train, y_valid = train_test_split
(train_X, train_Y, test_size=0.2, random_state=1234,
shuffle=False,  stratify=None)
```

```
In
def objective(trial):
    xgb_params = {
        "learning_rate":0.05,
        "seed":1234,
        "max_depth":trial.suggest_int("max_depth",3,16),
        "colsample_bytree":trial.suggest_uniform
("colsample_bytree",0.2,0.9),
        "sublsample":trial.suggest_uniform
("sublsample",0.2,0.9),
    }

    xgb_train = xgb.DMatrix(X_train, label=y_train)
    xgb_eval = xgb.DMatrix(X_valid, label=y_valid)
    evals = [(xgb_train, "train"), (xgb_eval, "eval")]

    model_xgb = xgb.train(xgb_params, xgb_train,
                          evals=evals,
                          num_boost_round=1000,
                          early_stopping_rounds=20,
                          verbose_eval=10,)
    y_pred = model_xgb.predict(xgb_eval)
    score =  np.sqrt(mean_squared_error(y_valid, y_pred))
    return score
```

In

```
study = optuna.create_study(sampler=optuna.samplers. ➡
RandomSampler(seed=0))
study.optimize(objective, n_trials=50)
study.best_params
```

Out

```
[0]	train-rmse:10.9472	eval-rmse:10.9555
Multiple eval metrics have been passed: 'eval-rmse' ➡
will be used for early stopping.

Will train until eval-rmse hasn't improved in 20 rounds.
[10]	train-rmse:6.56444	eval-rmse:6.57256
[20]	train-rmse:3.93974	eval-rmse:3.94495
[30]	train-rmse:2.36834	eval-rmse:2.37053
[40]	train-rmse:1.42737	eval-rmse:1.42781
[50]	train-rmse:0.864408	eval-rmse:0.866398
[60]	train-rmse:0.52833	eval-rmse:0.533332
[70]	train-rmse:0.327605	eval-rmse:0.341099
[80]	train-rmse:0.207217	eval-rmse:0.23314
[90]	train-rmse:0.13378	eval-rmse:0.175343
[100]	train-rmse:0.088193	eval-rmse:0.147395
[110]	train-rmse:0.059074	eval-rmse:0.134982
[120]	train-rmse:0.040406	eval-rmse:0.128441
[130]	train-rmse:0.028271	eval-rmse:0.125979
[140]	train-rmse:0.020099	eval-rmse:0.124567
[150]	train-rmse:0.014589	eval-rmse:0.12396
[160]	train-rmse:0.010834	eval-rmse:0.12376
[170]	train-rmse:0.008136	eval-rmse:0.123497
[180]	train-rmse:0.00622	eval-rmse:0.123423
[190]	train-rmse:0.00485	eval-rmse:0.123354
[200]	train-rmse:0.003749	eval-rmse:0.1233
[210]	train-rmse:0.00291	eval-rmse:0.123256
[220]	train-rmse:0.002301	eval-rmse:0.123219
[230]	train-rmse:0.001843	eval-rmse:0.123189
[240]	train-rmse:0.00153	eval-rmse:0.123177
```

```
[250] train-rmse:0.00124 eval-rmse:0.123151
[260] train-rmse:0.000981 eval-rmse:0.123133
[270] train-rmse:0.000803 eval-rmse:0.123134
[280] train-rmse:0.00074 eval-rmse:0.123131
Stopping. Best iteration:
[263] train-rmse:0.000922 eval-rmse:0.123129

[I 2020-09-22 21:11:42,378] Finished trial#0 resulted ➡
in value: 0.12313086535639264. Current best value is ➡
0.12313086535639264 with parameters: {'max_depth': 15, ➡
'colsample_bytree': 0.6149912327575129, 'sublsample': ➡
0.7909860240067121}.


(…略…)


[0] train-rmse:10.9472 eval-rmse:10.9555
Multiple eval metrics have been passed: 'eval-rmse' ➡
will be used for early stopping.

Will train until eval-rmse hasn't improved in 20 rounds.
[10] train-rmse:6.56444 eval-rmse:6.57256
[20] train-rmse:3.93974 eval-rmse:3.94495
[30] train-rmse:2.36834 eval-rmse:2.37053
[40] train-rmse:1.42736 eval-rmse:1.42782
[50] train-rmse:0.864418 eval-rmse:0.86675
[60] train-rmse:0.528273 eval-rmse:0.534127
[70] train-rmse:0.327972 eval-rmse:0.34083
[80] train-rmse:0.208838 eval-rmse:0.232197
[90] train-rmse:0.138829 eval-rmse:0.174372
[100] train-rmse:0.098649 eval-rmse:0.146052
[110] train-rmse:0.075411 eval-rmse:0.132486
[120] train-rmse:0.061244 eval-rmse:0.126181
[130] train-rmse:0.052981 eval-rmse:0.123382
[140] train-rmse:0.047285 eval-rmse:0.122376
```

```
[150] train-rmse:0.043355 eval-rmse:0.121874
[160] train-rmse:0.039194 eval-rmse:0.121377
[170] train-rmse:0.03602 eval-rmse:0.120964
[180] train-rmse:0.033637 eval-rmse:0.120817
[190] train-rmse:0.030961 eval-rmse:0.120392
[200] train-rmse:0.029252 eval-rmse:0.12031
[210] train-rmse:0.027951 eval-rmse:0.120391
Stopping. Best iteration:
[199] train-rmse:0.029383 eval-rmse:0.120269

[I 2020-09-22 21:13:32,872] Finished trial#49 resulted ➡
in value: 0.12027818808198405. Current best value is ➡
0.11261399910948558 with parameters:
```

Out
```
{'max_depth': 6,
 'colsample_bytree': 0.330432640328732,
 'sublsample': 0.7158427239902707}
```

　Optunaを実行した出力結果から、リスト4.87のハイパーパラメータを設定してみます。

リスト4.87　ハイパーパラメータの設定

In
```
xgb_params = {
"learning_rate":0.05,
"seed":1234,
"max_depth": 6,
"colsample_bytree": 0.330432640328732,
"sublsample": 0.7158427239902707
}
```

XGBoost でモデルを学習する

リスト4.88はLightGBMのコードとほぼ同様です。学習・検証データセットの作成部分が、LightGBMとXGBoostで異なる点に注意しましょう。

リスト4.88　最適化の処理

```
In
models_xgb = []
rmses_xgb = []
oof_xgb = np.zeros(len(train_X))

for train_index, val_index in kf.split(train_X):

    X_train = train_X.iloc[train_index]
    X_valid = train_X.iloc[val_index]
    y_train = train_Y.iloc[train_index]
    y_valid = train_Y.iloc[val_index]

    xgb_train = xgb.DMatrix(X_train, label=y_train)
    xgb_eval = xgb.DMatrix(X_valid, label=y_valid)
    evals = [(xgb_train, "train"), (xgb_eval, "eval")]

    model_xgb = xgb.train(xgb_params,
                          xgb_train,
                          evals=evals,
                          num_boost_round=1000,
                          early_stopping_rounds=20,
                          verbose_eval=20,)

    y_pred = model_xgb.predict(xgb_eval)
    tmp_rmse = np.sqrt(mean_squared_error(y_valid, ➡
y_pred))
    print(tmp_rmse)

    models_xgb.append(model_xgb)
    rmses_xgb.append(tmp_rmse)
    oof_xgb[val_index] = y_pred
```

Out
```
[0] train-rmse:10.9426 eval-rmse:10.9624
Multiple eval metrics have been passed: 'eval-rmse' ➡
will be used for early stopping.

Will train until eval-rmse hasn't improved in 20 rounds.
[20] train-rmse:3.94033 eval-rmse:3.95626
[40] train-rmse:1.43018 eval-rmse:1.43918
[60] train-rmse:0.531905 eval-rmse:0.542788
[80] train-rmse:0.213388 eval-rmse:0.23686
[100] train-rmse:0.102343 eval-rmse:0.147548
[120] train-rmse:0.064081 eval-rmse:0.125716
[140] train-rmse:0.049886 eval-rmse:0.120716
[160] train-rmse:0.041469 eval-rmse:0.119263
[180] train-rmse:0.034664 eval-rmse:0.118444
[200] train-rmse:0.02967 eval-rmse:0.118103
[220] train-rmse:0.025247 eval-rmse:0.117784
[240] train-rmse:0.022226 eval-rmse:0.11755
[260] train-rmse:0.019834 eval-rmse:0.117432
[280] train-rmse:0.018211 eval-rmse:0.117428
Stopping. Best iteration:
[262] train-rmse:0.019744 eval-rmse:0.117415

0.11741910338028129

(…略…)

[0] train-rmse:10.9537 eval-rmse:10.9385
Multiple eval metrics have been passed: 'eval-rmse' ➡
will be used for early stopping.

Will train until eval-rmse hasn't improved in 20 rounds.
[20] train-rmse:3.94431 eval-rmse:3.92804
[40] train-rmse:1.43119 eval-rmse:1.41766
[60] train-rmse:0.53185 eval-rmse:0.525904
[80] train-rmse:0.213475 eval-rmse:0.224669
```

```
[100] train-rmse:0.103565 eval-rmse:0.138586
[120] train-rmse:0.066123 eval-rmse:0.119558
[140] train-rmse:0.050427 eval-rmse:0.115377
[160] train-rmse:0.040351 eval-rmse:0.114093
[180] train-rmse:0.033266 eval-rmse:0.113338
[200] train-rmse:0.028233 eval-rmse:0.112983
[220] train-rmse:0.023882 eval-rmse:0.11263
[240] train-rmse:0.020698 eval-rmse:0.112556
[260] train-rmse:0.018033 eval-rmse:0.112454
[280] train-rmse:0.016532 eval-rmse:0.112333
[300] train-rmse:0.014613 eval-rmse:0.11218
[320] train-rmse:0.013406 eval-rmse:0.112068
Stopping. Best iteration:
[315] train-rmse:0.013578 eval-rmse:0.112066

0.11206980873277175
```

In
```
sum(rmses_xgb)/len(rmses_xgb)
```

Out
```
0.12124608767347637
```

結果をCSVファイルとして書き出す

　筆者の環境ではLightGBM以上によいスコアが出ました。この結果もKaggleにsubmitするので、CSVファイルとして書き出します。まずはテストデータから予測値を出します（**リスト4.89**）。ついで、書き出しはAnaconda（Windows）、macOSでJupyter Notebookを利用する場合、**リスト4.90**を実行します。

リスト4.89　テストデータでの予測値を算出

In
```
xgb_test = xgb.DMatrix(test_X)
```

```
In  preds_xgb = []
    for model in models_xgb:
        pred = model.predict(xgb_test)
        preds_xgb.append(pred)
```

```
In  preds_array_xgb= np.array(preds_xgb)
    preds_mean_xgb = np.mean(preds_array_xgb, axis=0)
    preds_exp_xgb = np.exp(preds_mean_xgb)
    submission["SalePrice"] = preds_exp_xgb
```

リスト4.90　CSV ファイルの書き出し
　　　　　　（Anaconda（Windows）、macOS で Jupyter Notebook を利用する場合）

```
In  submission.to_csv("./submit/houseprices_submit03.csv", ➡
    index=False)
```

Kaggleの場合、リスト4.91を実行します。

リスト4.91　CSVファイルの書き出し（Kaggleの場合）

```
In  submission.to_csv("houseprices_submit03.csv",index=False)
```

Kaggleに結果をsubmitする

　第3章の「3.9　Kaggleに結果をsubmitする」を参照の上、Kaggleに
CSVファイルをsubmit（投稿）して、スコアを確認します。スコアは
「0.12708」となりました（図4.15）。

図4.15：XGBoostの予測結果

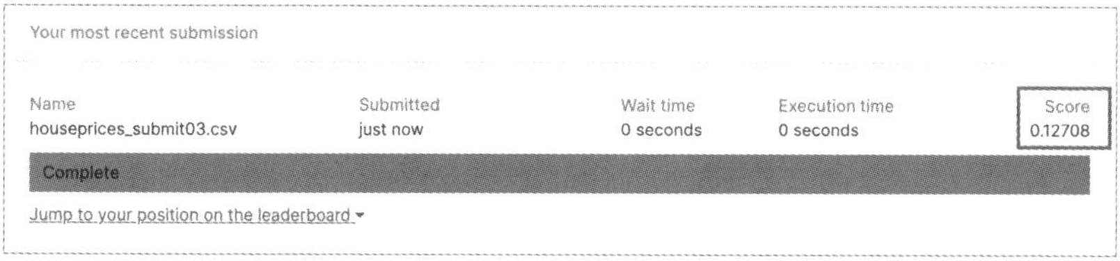

Your most recent submission

Name	Submitted	Wait time	Execution time	Score
houseprices_submit03.csv	just now	0 seconds	0 seconds	0.12708

Complete

Jump to your position on the leaderboard ▾

XGBoostとLightGBMの結果を組み合わせる

さて、最後にXGBoostとLightGBMの結果を組み合わせてみます。

様々な予測モデルを組み合わせて1つの（メタ）モデルとする手法を**アンサンブル**と言います。複数のモデルを用意し、各モデルの予測結果の多数決をすることで、単体のモデルよりも精度向上を狙うというものです。理論の詳細は本書では割愛しますが、直感的な理解のための説明をしますと、**ランダムに結果を返すよりも精度の高いモデルが複数あった時、お互いのモデルが十分に独立しているならば、その複数のモデルの予測がすべて間違える確率はとても低い**ということがアンサンブルの精度がよい理由になります。「お互いのモデルが十分に独立している」というのは、予測結果の出し方が似ているモデルではなく、変数が異なったりアルゴリズムが異なったり用いるデータが異なっていることなどによって、それぞれ別々に考えた結果、ということを意味します。

アンサンブルは通常各モデルの予測結果に重みを付けて組み合わせます（精度のよいモデルにおける予測の重みを大きくする。2人から意見を聞くにしても賢いほうの意見を重視するようなことです）。

XGBoostの予測結果とLightGBMの予測結果の平均をとる

ここでは試しにXGBoostの予測結果とLightGBMの予測結果をそれぞれ0.5ずつの重みで組み合わせる、つまり平均をとることにします（リスト4.92）。この結果もKaggleにsubmitするので、CSVファイルとして書き出します。Anaconda（Windows）、macOSでJupyter Notebookを利用する場合、リスト4.93を実行します。

リスト4.92 XgBoostの予測結果とLightGBMの予測結果の平均をとる

```
In  preds_ans = preds_exp_xgb * 0.5 + preds_exp * 0.5
```

```
In  submission["SalePrice"] = preds_ans
```

リスト4.93　予測結果をCSVファイルとして書き出す（Anaconda（Windows）、macOSでJupyter Notebookを利用する場合）

```
submission.to_csv("./submit/houseprices_submit04.csv",
index=False)
```

Kaggleの場合、**リスト4.94**を実行します。

リスト4.94　予測結果をCSVファイルとして書き出す（Kaggleの場合）

```
submission.to_csv("houseprices_submit04.csv",index=False)
```

Kaggleに結果をsubmitする

第3章の「3.9　Kaggleに結果をsubmitする」を参照の上、Kaggleに CSVファイルをsubmit（投稿）して、スコアを確認します。スコアは 「0.12622」となりました（図4.16）。XGBoostとLightGBMを組み合わせ ることで、それぞれ単体のモデルの予測精度よりもさらに精度を上げること ができました。

図4.16：XGBoostとLightGBMの予測結果のアンサンブル

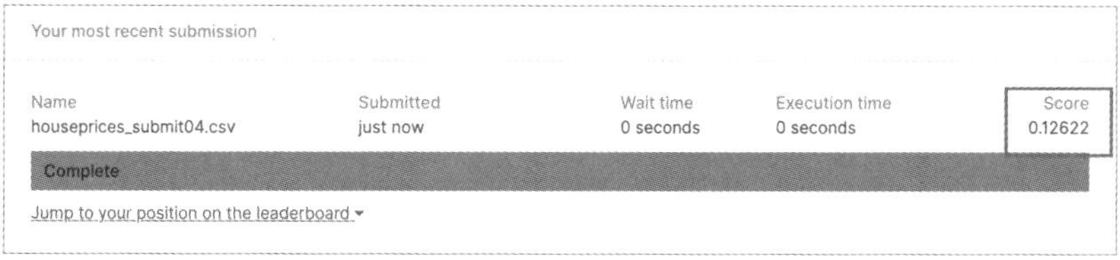

なお、ランダムフォレストを加えたアンサンブルは精度向上しなかったの で本書では割愛しますが、例えば、LightGBM * 0.4 + XGBoost * 0.4 + randomforest * 0.2などのように、ランダムフォレストの重 みを下げて組み合わせると効果が出る場合もあります。適宜、試してみま しょう。

4.11 追加分析①統計手法による家のクラスタ分析を行う

ここまではSalePriceに効く変数を分析してきました。ここからは、いくつか別の視点でデータを分析してみます。

統計手法を用いて家を分類する

コンペで扱っている家はどのような集合に分類することができるのか見ていきます。前章ではある変数の値に基づいて分類しましたが、ここでは統計手法を用いて分類してみます。

欠損値のある行を削除する

まずは、Label Encoding済みのデータから、欠損値がある行を削除しておきます（リスト4.95）。

リスト4.95　欠損値がある行を削除する

```
In
train_df_le_dn = train_df_le.dropna()
```

```
In
train_df_le_dn
```

```
Out        Id MSSubClass MSZoning LotFrontage LotArea Street LotShape LandContour Utilities LotConfig ...
0       1        60        3         65.0    8450     1       3          3           0         4 ...
1       2        20        3         80.0    9600     1       3          3           0         2 ...
2       3        60        3         68.0   11250     1       0          3           0         4 ...
3       4        70        3         60.0    9550     1       0          3           0         0 ...
4       5        60        3         84.0   14260     1       0          3           0         2 ...
...   ...       ...      ...          ...     ...   ...     ...        ...         ...       ... ...
1455 1456        60        3         62.0    7917     1       3          3           0         4 ...
1456 1457        20        3         85.0   13175     1       3          3           0         4 ...
1457 1458        70        3         66.0    9042     1       3          3           0         4 ...
1458 1459        20        3         68.0    9717     1       3          3           0         4 ...
1459 1460        20        3         75.0    9937     1       3          3           0         4 ...

1445 rows × 84 columns
```

```
YrSold SaleType SaleCondition SalePrice hasHighFacility Age TotalSF Total_Bathrooms hasPorch SalePrice_log
2008      8           4       208500.0         0          5  2566.0       4.0             1     12.247694
2007      8           4       181500.0         0         31  2524.0       3.0             1     12.109011
2008      8           4       223500.0         0          7  2706.0       4.0             1     12.317167
2006      8           0       140000.0         0         91  2473.0       2.0             1     11.849398
2008      8           4       250000.0         0          8  3343.0       4.0             1     12.429216
...     ...         ...          ...         ...        ...    ...        ...           ...         ...
2007      8           4       175000.0         0          8  2600.0       3.0             1     12.072541
2010      8           4       210000.0         0         32  3615.0       3.0             1     12.254863
2010      8           4       266500.0         1         69  3492.0       2.0             1     12.493130
2010      8           4       142125.0         0         60  2156.0       2.0             1     11.864462
2008      8           4       147500.0         0         43  2512.0       3.0             1     11.901583
```

データの正規化を行う

　前節で確認した通り、ここ扱うデータは広さや年数、戸数など様々な次元のデータが含まれます。よって、まずは最初にデータを**正規化**します。正規化とは、データの尺度を揃える処理となります。正規化の方法はいろいろあるのですが、ここではすべての変数を平均0、分散1に揃えることにします。Pythonではsklearnのpreprocessingを行うことで、簡単に正規化できます。ただし、Idは正規化およびこのあとのクラスタ分析に不要のため、drop()で削除しておきます。（リスト4.96）。

リスト4.96　データの正規化

```
from sklearn import preprocessing
```

```
train_scaled = preprocessing.scale(train_df_le_dn.drop→
(["Id"],axis=1))
```

In
```
train_scaled
```

Out
```
array([[ 0.06961655, -0.04576815, -0.20634574, ...,  ➡
1.73609279,
         0.45960003,  0.58679504],
       [-0.87716853, -0.04576815,  0.51294406, ...,  ➡
0.64013207,
         0.45960003,  0.2338818 ],
       [ 0.06961655, -0.04576815, -0.06248778, ...,  ➡
1.73609279,
         0.45960003,  0.7635842 ],
       ...,
       [ 0.30631282, -0.04576815, -0.15839309, ...,  ➡
-0.45582865,
         0.45960003,  1.21136395],
       [-0.87716853, -0.04576815, -0.06248778, ...,  ➡
-0.45582865,
         0.45960003, -0.38843119],
       [-0.87716853, -0.04576815,  0.27318079, ...,  ➡
0.64013207,
         0.45960003, -0.29396731]])
```

np.array形式をDataFrame形式に戻す

正規化したものはリスト4.96の出力結果の通りnp.array形式になっているので、DataFrame形式に戻しておきます（リスト4.97）。

リスト4.97　np.array形式をDataFrame形式に戻す処理

In
```
train_scaled_df = pd.DataFrame(train_scaled)
train_scaled_df.columns = train_df_le_dn.drop(["Id"], ➡
axis=1).columns
```

In
```
train_scaled_df
```

Out

	MSSubClass	MSZoning	LotFrontage	LotArea	Street	LotShape	LandContour	Utilities	LotConfig	LandSlope	...
0	0.069617	-0.045768	-0.206346	-0.288764	0.058926	0.744525	0.310054	-0.026316	0.601627	-0.222579	...
1	-0.877169	-0.045768	0.512944	-0.075476	0.058926	0.744525	0.310054	-0.026316	-0.634124	-0.222579	...
2	0.069617	-0.045768	-0.062488	0.230544	0.058926	-1.387256	0.310054	-0.026316	0.601627	-0.222579	...
3	0.306313	-0.045768	-0.446109	-0.084750	0.058926	-1.387256	0.310054	-0.026316	-1.869875	-0.222579	...
4	0.069617	-0.045768	0.704755	0.788800	0.058926	-1.387256	0.310054	-0.026316	-0.634124	-0.222579	...
...	...	...	...	...	...	...	...	...	...	...	...
1440	0.069617	-0.045768	-0.350204	-0.387617	0.058926	0.744525	0.310054	-0.026316	0.601627	-0.222579	...
1441	-0.877169	-0.045768	0.752707	0.587568	0.058926	0.744525	0.310054	-0.026316	0.601627	-0.222579	...
1442	0.306313	-0.045768	-0.158393	-0.178967	0.058926	0.744525	0.310054	-0.026316	0.601627	-0.222579	...
1443	-0.877169	-0.045768	-0.062488	-0.053777	0.058926	0.744525	0.310054	-0.026316	0.601627	-0.222579	...
1444	-0.877169	-0.045768	0.273181	-0.012974	0.058926	0.744525	0.310054	-0.026316	0.601627	-0.222579	...

1445 rows × 83 columns

YrSold	SaleType	SaleCondition	SalePrice	hasHighFacility	Age	TotalSF	Total_Bathrooms	hasPorch	SalePrice_log
0.139388	0.312223	0.207359	0.387825	-0.325762	-1.046470	0.038930	1.736093	0.4596	0.586795
-0.612163	0.312223	0.207359	0.031995	-0.325762	-0.188288	-0.017716	0.640132	0.4596	0.233882
0.139388	0.312223	0.207359	0.585509	-0.325762	-0.980456	0.227753	1.736093	0.4596	0.763584
-1.363715	0.312223	-3.446710	-0.514930	-0.325762	1.792130	-0.086502	-0.455829	0.4596	-0.426767
0.139388	0.312223	0.207359	0.934750	-0.325762	-0.947449	1.086897	1.736093	0.4596	1.048721
...	...	...	...	...	...	...	...	...	...
-0.612163	0.312223	0.207359	-0.053668	-0.325762	-0.947449	0.084787	0.640132	0.4596	0.141076
1.642491	0.312223	0.207359	0.407594	-0.325762	-0.155281	1.453753	0.640132	0.4596	0.605037
1.642491	0.312223	0.207359	1.152202	2.854821	1.065977	1.287858	-0.455829	0.4596	1.211364
1.642491	0.312223	0.207359	-0.486925	-0.325762	0.768914	-0.514051	-0.455829	0.4596	-0.388431
0.139388	0.312223	0.207359	-0.416089	-0.325762	0.207795	-0.033901	0.640132	0.4596	-0.293967

k-meansによるクラスタ分析

データを似たような属性の集団に分ける方法はいくつかありますが、代表的なクラスタ分析手法である **k-means** を用いてみます（図4.17）。

図4.17：k-meansによるクラスタ分析

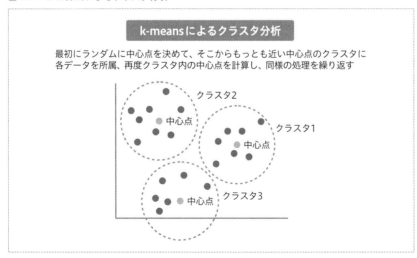

265

k-meansとは、k個のクラスタの中心をランダムに決め、各データとk個のデータ中心点との距離を求め、もっとも近い中心点のクラスタにそのデータを配属、すべてのデータのクラスタへの配属を終えたのち、クラスタの中心点を再計算し、再度各データとクラスタの中心との距離を求め、最短のクラスタに再配属する、ということを繰り返す手法です。

k-means用のライブラリをインポートする

Pythonでは、k-means用のライブラリをインポートすることで、k-meansによるクラスタ分析を実行できます（リスト4.98）。

リスト4.98　k-means用のライブラリのインポート

```
In
from sklearn.cluster import KMeans
```

k-meansの結果を固定するためにランダムシードを設定しておきます（リスト4.99）。

リスト4.99　ランダムシードを設定

```
In
np.random.seed(1234)
```

クラスタ数を指定して分類する

あらかじめ、クラスタ分析によって分類したいクラスタ数を n_clusters で指定する必要があります。ここでは、4つに分類することとしてみましょう（リスト4.100）。

リスト4.100　クラスタ数を指定して分類

```
In
house_cluster = KMeans(n_clusters=4).fit_predict➡
(train_scaled)
```

もとのデータにクラスタ情報を付与する

リスト4.100の結果を、もとのDataFrameに km_clustrer という列

で加え、クラスタ情報を付与します（リスト4.101）。

リスト4.101　家ごとのクラスタ情報を追加

```
In
train_scaled_df["km_cluster"] = house_cluster
```

クラスタごとのデータ数を確認する

クラスタごとのデータ数（コンペのデータでは家の数）はリスト4.102の通りとなります。

リスト4.102　クラスタごとのデータ数を確認

```
In
train_scaled_df["km_cluster"].value_counts()
```

```
Out
2    479
0    382
1    362
3    222
Name: km_cluster, dtype: int64
```

クラスタごとの特徴を可視化する

クラスタ分析では、どのような特徴によって分類されたのでしょうか。クラスタごとの特徴を可視化してみます。ここではいくつかの変数に絞って確認してみます（リスト4.103）。

リスト4.103　クラスタごとの特徴を可視化

```
In
cluster_mean = train_scaled_df[["km_cluster",
"SalePrice","TotalSF","OverallQual","Age",
"Total_Bathrooms","YearRemodAdd","GarageArea",
                                "MSZoning",
"OverallCond","KitchenQual","FireplaceQu"]].
groupby("km_cluster").mean().reset_index()
```

可視化がしやすいように、`groupby`した結果を`.T`によって転置（行と列を入れ替え）し、クラスタ番号を列にしておきます（リスト4.104）。

リスト4.104　転置処理を施して可視化

```
In

cluster_mean = cluster_mean.T
```

```
In

cluster_mean
```

```
Out
```

	0	1	2	3
km_cluster	0.000000	1.000000	2.000000	3.000000
SalePrice	0.222880	−0.761508	−0.406044	1.734328
TotalSF	0.125920	−0.588086	−0.357916	1.514537
OverallQual	0.508859	−0.729747	−0.502748	1.399102
Age	−0.926538	1.256542	0.169207	−0.819732
Total_Bathrooms	0.582752	−0.819131	−0.252195	0.877097
YearRemodAdd	0.763323	−0.794432	−0.372478	0.785640
GarageArea	0.269526	−0.738410	−0.193211	1.157178
MSZoning	−0.392025	0.397916	0.079151	−0.145070
OverallCond	−0.395953	0.233206	0.260835	−0.261741
KitchenQual	−0.215618	0.328606	0.480437	−1.201435
FireplaceQu	0.122809	0.296435	0.127317	−0.969403

```
In

cluster_mean[1:].plot(figsize=(12,10), kind="barh" ,
subplots=True, layout=(1, 4) , sharey=True)
```

```
Out

array([[<matplotlib.axes._subplots.AxesSubplot object
at 0x129cbc450>,
        <matplotlib.axes._subplots.AxesSubplot object
at 0x12a682e50>,
        <matplotlib.axes._subplots.AxesSubplot object
at 0x12ab89e50>,
```

```
      <matplotlib.axes._subplots.AxesSubplot object ➡
at 0x12abba790>]],
        dtype=object)
```

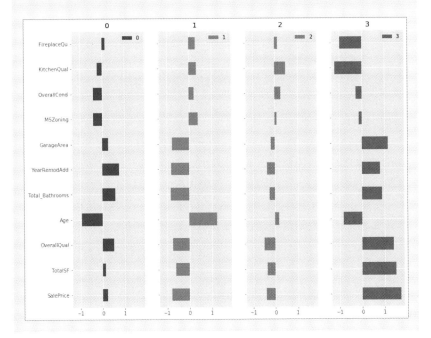

k-meansの結果を考察する

k-meansの結果は次のようになります。

- クラスタ0は昔の古い家だが最近リフォームしており全体的なクオリティは平均よりやや高い住宅群
- クラスタ1は最近建てられた家だが狭く全体的なクオリティも低い低価格な住宅群
- クラスタ2は平均的な住宅群
- クラスタ3は昔の古い住宅だが、キッチン以外は全体的にクオリティが高い上に広く、高価格な住宅群

主成分分析を行う

　今回、変数をそのまま用いてクラスタ分析しましたが、変数が多いとクラスタ分析の解釈が難しい場合があります。その場合、**次元削減**（次元圧縮）という方法を用います。次元削減とは、もとの変数の特徴に基づいて、何らかの方法で複数の変数を代表する新しい変数を作成し、変数を削減する方法です。ここでは、**主成分分析**（Principal Component Analysis：PCA）という、次元削減に広く使われている手法をご紹介します。

主成分分析について

　主成分分析についてHouse Pricesのデータで説明します。House PricesのデータはP.227で説明した通り、`TotalBsmtSF`（地下の広さ）、`1st FlrSF`（1階の広さ）、`2ndFlrSF`（2階の広さ）という変数がありますが、それらを代表して（要因として）「トータルの広さ」という変数を新たに付与することで、変数を減らしてよりわかりやすくすることができます（図4.18）。

図4.18：主成分分析の概念

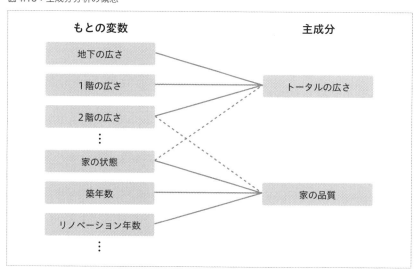

主成分分析の処理の手順

実際の主成分分析の処理は、次の手順で行われます。

まず、全データの平均を求めます。そこから、もっとも分散が大きくなる方向を決めます。これが第1主成分となります。

次に、第1主成分と直行する軸を求めます。これが第2主成分となります。

以降、直近の主成分の軸に対して、直行する方向で分散が最大となる軸を求めることを繰り返します（図4.19）。

図4.19：主成分分析の手順（説明のため、2変数で作図していますが、実際には変数分の次元があります）

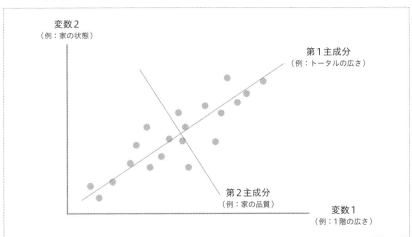

主成分分析用のライブラリをインポートする

Pythonで主成分分析を行うには、sklearnからPCAパッケージをインポートします（リスト4.105）。

リスト4.105　PCAパッケージのインポート

```
from sklearn.decomposition import PCA
```

標準化したデータに対して主成分分析を行う

作成したい主成分の数を n_components で指定します。ここでは最終的に2次元に可視化することを考え、主成分の数を2としておき、後ほどx軸、y軸の値として指定します。なお、主成分分析を行う際に、各変数が異なる尺度となっている場合、すべての変数の重要度を揃えるために、事前に標準化するようにしましょう。ここでは、先立って学習データを標準化した、train_scaled のデータがあるので、こちらを用いて主成分分析を行います（リスト4.106）。

リスト4.106　主成分の数を指定

```
In
pca = PCA(n_components=2)
house_pca = pca.fit(train_scaled).transform(train_scaled)
```

```
In
house_pca
```

```
Out
array([[ 2.64787423, -1.14274333],
       [ 0.59160484, -0.80163732],
       [ 3.27273499, -0.86695645],
       ...,
       [ 1.78389829,  3.57962252],
       [-3.03539318, -0.99023265],
       [-0.66050633, -1.19928913]])
```

出力結果をDataFrame形式に変換してもとのDataFrameと結合する

リスト4.106の結果、得られた結果をDataFrame形式に変換し、カラム名をpca1、pca2としておきます。その結果をもとのDataFrameと結合しておきましょう（リスト4.107）。

リスト4.107　出力結果をDataFrame形式に変換してもとのDataFrameと結合

```
In
house_pca_df = pd.DataFrame(house_pca)
house_pca_df.columns = ["pca1","pca2"]
```

```
In    train_scaled_df = pd.concat([train_scaled_df, ➡
      house_pca_df], axis=1)
```

```
In    train_scaled_df
```

Out		MSSubClass	MSZoning	LotFrontage	LotArea	Street	LotShape	LandContour	Utilities	LotConfig	LandSlope	...
	0	0.069617	-0.045768	-0.206346	-0.288764	0.058926	0.744525	0.310054	-0.026316	0.601627	-0.222579	...
	1	-0.877169	-0.045768	0.512944	-0.075476	0.058926	0.744525	0.310054	-0.026316	-0.634124	-0.222579	...
	2	0.069617	-0.045768	-0.062488	0.230544	0.058926	-1.387256	0.310054	-0.026316	0.601627	-0.222579	...
	3	0.306313	-0.045768	-0.446109	-0.084750	0.058926	-1.387256	0.310054	-0.026316	-1.869875	-0.222579	...
	4	0.069617	-0.045768	0.704755	0.788800	0.058926	-1.387256	0.310054	-0.026316	-0.634124	-0.222579	...
	...	...	...	...	...	...	...	...	...	...	...	...
	1440	0.069617	-0.045768	-0.350204	-0.387617	0.058926	0.744525	0.310054	-0.026316	0.601627	-0.222579	...
	1441	-0.877169	-0.045768	0.752707	0.587568	0.058926	0.744525	0.310054	-0.026316	0.601627	-0.222579	...
	1442	0.306313	-0.045768	-0.158393	-0.178967	0.058926	0.744525	0.310054	-0.026316	0.601627	-0.222579	...
	1443	-0.877169	-0.045768	-0.062488	-0.053777	0.058926	0.744525	0.310054	-0.026316	0.601627	-0.222579	...
	1444	-0.877169	-0.045768	0.273181	-0.012974	0.058926	0.744525	0.310054	-0.026316	0.601627	-0.222579	...

1445 rows × 86 columns

SalePrice	hasHighFacility	Age	TotalSF	Total_Bathrooms	hasPorch	SalePrice_log	km_cluster	pca1	pca2
0.387825	-0.325762	-1.046470	0.038930	1.736093	0.4596	0.586795	0	2.647874	-1.142743
0.031995	-0.325762	-0.188288	-0.017716	0.640132	0.4596	0.233882	2	0.591605	-0.801637
0.585509	-0.325762	-0.980456	0.227753	1.736093	0.4596	0.763584	0	3.272735	-0.866956
-0.514930	-0.325762	1.792130	-0.086502	-0.455829	0.4596	-0.426767	1	-1.522228	2.171157
0.934750	-0.325762	-0.947449	1.086897	1.736093	0.4596	1.048721	3	5.718597	0.948546
...	...	...	...	...	...	...	...	...	...
-0.053668	-0.325762	-0.947449	0.084787	0.640132	0.4596	0.141076	0	1.340956	-0.241171
0.407594	-0.325762	-0.155281	1.453753	0.640132	0.4596	0.605037	2	1.782666	0.841906
1.152202	2.854821	1.065977	1.287858	-0.455829	0.4596	1.211364	0	1.783898	3.579623
-0.486925	-0.325762	0.768914	-0.514051	-0.455829	0.4596	-0.388431	2	-3.035393	-0.990233
-0.416089	-0.325762	0.207795	-0.033901	0.640132	0.4596	-0.293967	2	-0.660506	-1.199289

主成分分析の結果を可視化する

　第1主成分（pca1)をx軸に、第2主成分（pca2）をy軸にした時の主成分分析の結果を可視化してみます。先ほどのクラスタ分析の結果と色を揃えるためにクラスタ番号で色を指定するようにしておきます（リスト4.108）。

リスト4.108　　主成分分析の結果を可視化

```
In    my_colors = plt.rcParams['axes.prop_cycle'].by_key() ➡
      ['color']
```

In

```
for cl in train_scaled_df['km_cluster'].unique():
    plt.scatter(train_scaled_df.loc[train_scaled_df➡
["km_cluster"] == cl ,'pca1'], train_scaled_df.loc➡
[train_scaled_df["km_cluster"] == cl ,'pca2'], ➡
label=cl, c=my_colors[cl], alpha=0.6)
plt.legend()
plt.show()
```

Out

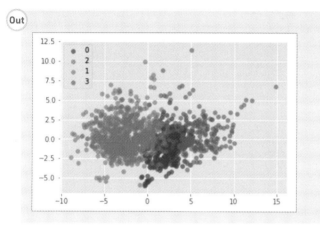

pca.components_とすることで、第1主成分、第2主成分に対して、どのような変数が寄与しているかを確認することができます。それらの値を確認しながら、x軸、y軸の意味を分析官が判断することになります。pca.components_の値にカラム名を併記した上で、見やすいように転置（行と列を変換）するにはリスト4.109のように記述します。

リスト4.109　見やすいように転置（行と列を変換）

In

```
pca_comp_df = pd.DataFrame(pca.components_,columns=➡
train_scaled_df.drop(["km_cluster","pca1","pca2"], ➡
axis=1).columns).T
pca_comp_df.columns = ["pca1","pca2"]
```

In

```
pca_comp_df
```

Out

	pca1	pca2
MSSubClass	−0.007451	−0.045197
MSZoning	−0.067692	0.062006
LotFrontage	0.089335	0.138855
LotArea	0.084628	0.168670
Street	0.010013	0.010760
...	...	...
Age	−0.197903	0.246229
TotalSF	0.218012	0.188240
Total_Bathrooms	0.189083	0.029206
hasPorch	0.091475	0.031042
SalePrice_log	0.249131	0.058950

83 rows × 2 columns

　このように、k-meansや主成分分析によるクラスタ分析を行うことでデータ全体の傾向を捉えることができます。実際の業務においてはクラスタごとに対策を変えたり、クラスタごとの目標の達成率を確認することがあります。また、予測タスクにおいて、クラスタを新たな特徴量として追加することなどもあります。実際、筆者が参加した「M5 Forecasting - Accuracy」（ URL https://www.kaggle.com/c/m5-forecasting-accuracy）という、ウォルマートの商品ごとの日別売上予測コンペでは、通常の商品ジャンルとは別に、月ごとの売上の傾向から商品を12クラスタに分け、そのクラスタ番号を特徴量とすることで精度を向上させることができました（とはいえウォルマートコンペはSilverメダル相当のsubmitが手元にあったものの、そのsubmitを選択できず最終的にメダルを逃してしまったのですが）。

4.12 追加分析②ハイクラスな家の条件を分析・可視化する

前節まで、LightGBMなどを用いてSalePriceの予測を行いました。

決定木で可視化する

今度はSalePriceが（特に）高価格帯の家とは、どのような条件の家なのかを**決定木**を使って可視化してみましょう。

SalePriceの分布を確認する

まずは、コンペのデータ中のSalePriceの分布をもう一度確認してみます（リスト4.110）。

リスト4.110　SalePriceの分布を確認

In
```
train_df_le['SalePrice'].plot.hist(bins=20)
```

Out
```
<matplotlib.axes._subplots.AxesSubplot at 0x130ea0910>
```

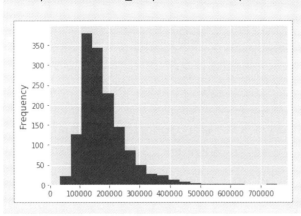

In
```
train_df_le['SalePrice'].describe()
```

```
Out   count      1445.000000
      mean     179072.294118
      std       75905.045476
      min       34900.000000
      25%      129900.000000
      50%      162000.000000
      75%      213000.000000
      max      755000.000000
      Name: SalePrice, dtype: float64
```

　リスト4.110の出力結果を見ると、平均約18万ドル、10万ドル〜20万ドル前半の価格帯に大部分の家が収まるようです。ここでは、全体の家の価格のうち、上位10%をハイクラスな家と定義してみます。

上位10%の価格を調べる

　上位10%の価格を調べるにはquantile()を用います。これは指定したパーセント位置を返すもので、例えば0.5とすると二分位、つまりSalePrice順にデータを並べた時にちょうど中間の位置にあるデータのSalePriceを取得できます。quantile(0.9)とすることで、SalePriceの値で昇順に並べた時に、90%の位置の値、すなわち上位10%となるSalePriceの値を取得できます（リスト4.111）。

リスト4.111　上位10%の価格を確認

```
In   train_df['SalePrice'].quantile(0.9)
```

```
Out  278000.0
```

ハイクラスな家を表す変数を追加する

　27万8000ドル以上だと、上位10%となるハイクラスな家のようです。そこで、新たにhigh_class変数を追加して、27万8000ドル以上の家を1、そうでないものを0としておきます。第3章の3.10節のリスト3.82で見た通り、DataFrame名.loc[行の条件範囲, 置き換えたい列名] = 置き

換えたい値とすることで、`high_class`の値を条件指定の上、代入できます（リスト4.112）。

リスト4.112　high_class変数を追加

```
train_df_le.loc[train_df["SalePrice"] >= 278000, ➡
"high_class"] = 1
```

このままでは、`high_class`において条件を満たさないものはNaNとなってしまうので、`fillna(穴埋めしたい値)`を用いることで、NaNを0で穴埋めします（リスト4.113）。

リスト4.113　条件を満たさないものを0とする

```
train_df_le["high_class"] = train_df_le["high_class"].➡
fillna(0)
```

```
train_df_le.head()
```

Out

Id	MSSubClass	MSZoning	LotFrontage	LotArea	Street	LotShape	LandContour	Utilities	LotConfig	...
0	1	60	3	65.0	8450	1	3	3	0	4 ...
1	2	20	3	80.0	9600	1	3	3	0	2 ...
2	3	60	3	68.0	11250	1	0	3	0	4 ...
3	4	70	3	60.0	9550	1	0	3	0	0 ...
4	5	60	3	84.0	14260	1	0	3	0	2 ...

5 rows × 85 columns

SaleType	SaleCondition	SalePrice	hasHighFacility	Age	TotalSF	Total_Bathrooms	hasPorch	SalePrice_log	high_class
8	4	208500.0	0	5	2566.0	4.0	1	12.247694	0.0
8	4	181500.0	0	31	2524.0	3.0	1	12.109011	0.0
8	4	223500.0	0	7	2706.0	4.0	1	12.317167	0.0
8	0	140000.0	0	91	2473.0	2.0	1	11.849398	0.0
8	4	250000.0	0	8	3343.0	4.0	1	12.429216	0.0

重要度の高い変数に絞って決定木を作成する

決定木を用いて可視化するにあたり、すべての変数を用いるのではなく、前述のLightGBMを用いたモデルにおいて重要度の高かった変数に絞って、決定木を作ることにします。これにより、単体の決定木においても精度が高く、また理解しやすいアウトプットとなります。

決定木を可視化するためのライブラリをインストールする

　Pythonを用いて決定木の可視化をするにあたり、pydotplusのライブラリをインストールしておきます。

コマンドプロンプト/ターミナル

```
pip install pydotplus
```

　Kaggleの場合、以下のコマンドをセル上で実行してpydotplusのライブラリをインストールしてください。

Kaggle

```
!pip install pydotplus
```

Notebookにおける可視化に必要なライブラリをインストールする

　さらにNotebook上での可視化に、graphvizが必要なためgraphvizのライブラリをインストールします。またPythonの互換性ライブラリであるsixのライブラリもインストールします（なおcondaコマンドでJupyterをインストールした場合、sixも同時にインストールされるので、ここで改めてsixをインストールする必要はありません）。

　Anaconda（Windows）を利用している場合、以下のコマンドを実行します。

コマンドプロンプト

```
> pip install graphviz
> pip install six
```

注意 **Anaconda（Windows）環境のgraphvizの
インストールでエラーが出た場合の対処方法：**

Anaconda（Windows）の場合、プログラム実行時に「Graphviz's executables are not found」というエラーが表示される可能性があります。これは、graphvizのexeファイルが見つからないことによるエラーのため、もしこのエラーが表示された場合、PATHを追加しておきましょう。

PATHの追加は、「スタート」→「Windowsシステムツール」→「コントロールパネル」→「システムとセキュリティ」→「システム」で「システムのプロパティ」ダイアログの「詳細設定」タブを開きます。「環境変数」をクリックして、「環境変数」ダイアログを開きます。「システム環境変数」の「新規」をクリックして「新しいシステム変数」ダイアログを開き、「変数名」に名前を、変数値にgraphvizの場所を追加して、「OK」をクリックします。graphvizの場所は、お使いの環境によって異なりますが、例えば次のようになります。

```
C:¥Users¥(username)¥Anaconda3¥Library¥bin¥graphviz
```

なお、graphvizライブラリの場所はリスト4.114のようにすることで確認できます。この実行結果から、追加すべきPATHを確認の上「(リスト4.114で表示されるPATHのうち、いずれか)¥graphviz」としてみてください。

リスト4.114　graphvizライブラリの場所を調べる

```python
import sys
import pprint

#pprint.pprint(sys.path)
```

　macOSの場合、brewでgraphvizのライブラリをインストールします。またPythonの互換性ライブラリであるsixのライブラリもインストールします。

ターミナル

```
$ brew install graphviz
$ pip install six
```

ライブラリをインポートする

　必要なライブラリのインストールが完了したら、リスト4.115にある3つのライブラリをインポートします。

リスト4.115　ライブラリのインポート

リスト4.115　ライブラリのインポート

```
In
from sklearn import tree
import pydotplus
from six import StringIO
```

重要度の高い変数に絞る

train_df_leのうち、前述のLightGBMで重要度の高かったもののみに絞ったものをtree_x、high_classを指定したものをtree_yとします（リスト4.116）。

リスト4.116　tree_xとtree_yを指定

```
In
tree_x = train_df_le[["TotalSF","OverallQual","Age", ➡
"GrLivArea","GarageCars","Total_Bathrooms","GarageType", ➡
"YearRemodAdd","GarageArea","CentralAir","MSZoning", ➡
"OverallCond","KitchenQual","FireplaceQu","1stFlrSF"]]
tree_y = train_df_le[["high_class"]]
```

深さを指定して決定木を作成する

本来、LightGBMの時と同様、ハイパーパラメータを調整してもよいのですが、ここでは簡略化のため、max_depth（最大の木の深さ）のみを4とし、あまり深い木にならないようにした上で決定木の作成を実行します（リスト4.117）。

リスト4.117　決定木の作成

```
In
clf = tree.DecisionTreeClassifier(max_depth=4)
clf = clf.fit(tree_x, tree_y)
```

決定木の出力結果を確認する

決定木の作成が終わったら可視化します。リスト4.118のようにすることで、Notebook内で決定木の出力結果を確認できます。

リスト4.118　決定木の出力結果を確認

In
```
dot_data = StringIO()
tree.export_graphviz(clf, out_file=dot_data,➡
feature_names=tree_x.columns)
graph = pydotplus.graph_from_dot_data(dot_data.➡
getvalue())
```

In
```
from IPython.display import Image
Image(graph.create_png())
```

Out

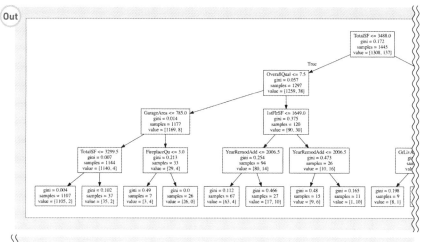

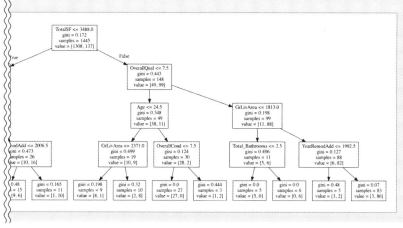

リスト4.118の出力結果より、ハイクラスな家の条件は、次のことがわかります。

- TotalSFが3489以上、OverallQualが8以上、GrLivAreaが1814以上、YearRemodAddが1993以上
- OverallQualが8以上、1stFlrSFが1650以上、YearRemodAddが2007以上

ハイクラスな家は、広いだけではなく全体の品質が高く最近リフォームしたような家であるようです。決定木の実行方法をLightGBMよりも後に紹介したのは、LightGBMと比較して決定木の精度は低く、予測タスクにおいて決定木を用いることはほぼないためです。

しかしLightGBMで出した重要度をもとにその結果を可視化することや、このようにハイクラスな家の条件を判定することで、特徴量間の関係から新たな特徴量を生成するヒントを得られることもあります。ぜひ有効活用していきましょう。

House Prices コンペお疲れ様でした！
新しい発見もあったんじゃないかな？

CHAPTER 5

さらなるデータサイエンス力
向上のためのヒント

これまで、チュートリアルコンペの分析を通して、データサイエンスの入門の解説をしてきました。ここまでで基本的なデータ分析の手順および実際のPythonコードを学習できたと思います。ここからは、さらに学習を進めるためのヒントとして、Kaggle Masterとの対談や役に立つTips集などを紹介していきます。

5.1 Kaggle Masterへの特別インタビュー（wrb0312さん）

　まずはKaggle Masterのwrb0312さんへのインタビューを通して、Kaggleをはじめたきっかけ、Kaggle Masterへの道のり、Kaggleで学んだことが業務にどのようにつながっているかをお聞きしていきます。

wrb0312さん

- 職業：広告会社　データサイエンス職
- Kaggle歴：2年（2018年より本格参加）

— Kaggleをはじめたのはいつですか。

wrb0312：大学院生の時です。同じ研究室の友人に誘われたことがきっかけで、チームでの参加でした。

— 最初のKaggle参加がチーム参加だったのですね。どのようなコンペでしたか。

wrb0312：**Statoil/C-CORE Iceberg Classifier Challenge**という画像コンペとなります（図5.1）。海の画像から、氷山が写っているか写っていないかを判定するというものでした。

— 結果はいかがでしたか。

wrb0312：**Gold**メダルをとれました。ただそれは、チームを組んだ友人の力量によるところがありました。結果は、もちろん嬉しかったのですが、**モデルのアンサンブル**をすることなどが、普段の研究ではやらないためよい経験になりました。一方で、CNN（Convolutional neural network：畳み込みニューラルネットワーク）などは普段の研究でも使用していたので、その経験はコンペに活きたと思います。

— その後は、Kaggleコンペに継続的に参加されているのですか。

wrb0312：いくつかのコンペに参加しましたが、まともに最後までやった

図5.1：Statoil/C-CORE Iceberg Classifier Challenge
URL https://www.kaggle.com/c/statoil-iceberg-classifier-challenge

のは4つほどです。問題設定が面白いコンペはデータを見てみ
たいので、いったんは参加しますね。ただし、1人で参加した
コンペは途中で離脱してしまうこともあります。コンペも仕事
もそうですが、途中経過を誰かとディスカッションしたり、励
まし合ったりしたくなりますね。そういう意味では、Kaggle
は、チームを組まなくても **Discussion** や **Vote**、**Comment** な
どコミュニケーションのための機能も多くありますし、本当は
もっと有効活用していければと思います。

── wrb0312さんにとってKaggleに参加する目的は何でしょう。
wrb0312：2つあります。1つは、仕事にも言えることなのですが、常に自
　　　　　分のできること・ステータスを明確にしていたいということが
　　　　　あります。Kaggleは順位やメダルというわかりやすい結果が出
　　　　　ますので、こういう課題のコンペでメダルをとった、という客
　　　　　観的な成果を残していきたいという目的があります。もう1つ

は、データサイエンスの領域は、最新の新しい手法などがどんどん出てきますのでそのキャッチアップという目的があります。

また、様々なコンペの上位陣のNotebookを見ていると、**共通している手順**や**テクニック**などがあることに気づきます。コンペごとの細かなテクニックはさておき、実は、そういった**お作法的なベーシックな分析フロー**こそ、仕事などにも応用できる汎用的なノウハウなのかなと思います。

― Kaggle が仕事に活きていることが多そうですね。

wrb0312：そもそも自分は今の会社に入るまでは**テーブルデータ**をまともに触ったことがなかったので、Kaggle でテーブルデータの分析手順を学んだという点はあると思います。実際の業務では、納期がある中で結果が求められますので、先ほど述べたようなお作法的な手順の学習を通して、精度の高いベースラインを高速に作れるようになる、ということは重要だと思います。また、業務では必ずしも推計モデルを作るということだけではなく、数理最適化的なことが求められることもありますし、別のアウトプットを出すこともあります。しかし、データ探索はどの業務でも発生するので、データ探索関連のNotebookは参考になります。

― これまで参加してきたコンペの中で印象深いものはありますか。

wrb0312：最近だと**M5 Forecasting -Accuracy**ですね（図5.2）。時系列データのコンペは過去何度か開催されておりますが、過去コンペで参考になる部分、今回のコンペ特有の課題として考慮するべき部分がそれぞれあり、分析のコードを整理するよい機会になりました。個人的には手元にPrivate Leaderboardで上位のsubmitがあったのですがそれを選択できず、大きくShake downしてしまったことが悔やまれます。コンペ終了後、上位の解法を見るとShakeを避けるために様々な検証をしていたようで学ぶ点が多かったコンペでした。

図 5.2：M5 Forecasting -Accuracy
URL https://www.kaggle.com/c/m5-forecasting-accuracy

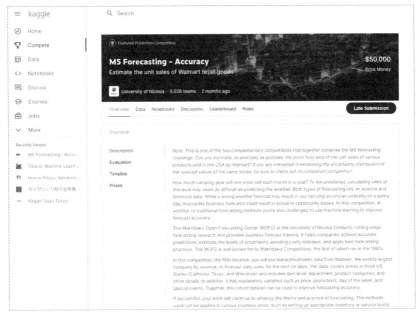

── wrb0312さんが他のKaggle Master、Kaggle Grandmasterの方に聞きたいことはありますか。

wrb0312：Kaggleは、コンペ終了後に**上位ソリューション**などが公開されることもあるので、最終的な分析手法はわかるのですが、いったいそこに至るまでにどのような**思考プロセス**があり、どのような**試行錯誤**があったんだろう、ということは気になります。そういう意味では、できるだけコンペ開始時から参加し、上位陣で気になった人は**Discussion**なども人単位で丁寧に追いかけてウォッチするようにしています。しかし、それだけではわからない点もあるので、やはり直接聞けるなら聞いてみたいですし、自分が参加したコンペの勉強会があれば積極的に参加していきたいです。

— **Kaggle における今後の目標はありますか。**

wrb0312：まずは、**ソロゴールド**をとるというのが、直近の目標となります。また、これまで**回帰**や**分類タスク**などはやったことはあるのですが、**detection 系のコンペ**や**音響信号などのコンペ**はまだ参加していないので、そういったこれまでチャレンジしたことのないタイプのコンペにも参加していきたいですね。

— **これからKaggle をはじめたい人、データサイエンスの学習を進めていきたい人に対して何かメッセージはありますか。**

wrb0312：Kaggle に関しては、**一緒に取り組んでいく人を周りに見つける**とよいと思います。一緒にチームを組めばモチベーションにもなりますし、こういうコンペがはじまったね、とか、こういう解法があるらしいとか、説明する中で気づくこともあると思います。

もし周囲にそういう人がいない場合は、Kaggle の Meetupや勉強会に参加したり、kaggler-jaのSlackに参加したり、TwitterでKagglerをフォローするということからはじめてもいいかもしれません。データサイエンスの学習も似たようなことが言えると思います。

5.2 KaggleでオススメのStarter Notebook

　Kaggleではコンペごとに様々なNotebookが公開されております。その中には「Starter Notebook」「tutorial」といった、導入向けのNotebookが有志によって公開されている場合があり、可視化しながらわかりやすく解説してくれています。

　ここでは、特に初学者向けでわかりやすいと思われるオススメのNotebookについて紹介します。ここで取り上げたNotebookはすべて英語となりますが、ここまで本書の内容を読んだ方なら容易に読み解けると思います。データの分析手順として非常に参考になるものばかりです。

　なお、本書で取り上げた、**Titanic: Machine Learning from Disaster**、**House Prices: Advanced Regression Techniques**以外の主にテーブルデータコンペから選択しております。

Predict Future Salesコンペ

図5.3： Predict Future Salesコンペ
URL https://www.kaggle.com/c/competitive-data-science-predict-future-sales/overview

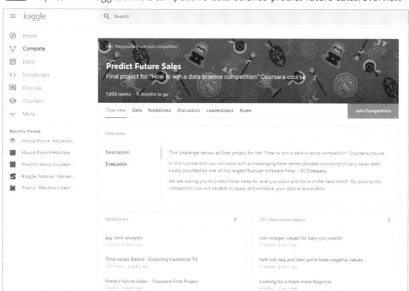

　Predict Future Salesコンペ（図5.3）は、オンラインラーニングプラットフォームCoursera（**URL** https://www.coursera.org/ ）の**How to Win a Data Science Competition**（**URL** https://www.coursera.org/learn/competitive-data-science ）における最終課題としてのチュートリアルコンペとなります。

　この講義自体、様々なKaggle優勝経験者がデータコンペの勝ち方について具体的な手法とともにレクチャーしてくれるというもので、非常に有名です。かくいう筆者もKaggleをはじめてなかなか上位に食い込めなかった時にこのコースを学習して、「どのような手順で進めていけばよいのか」を学びました。

　そのオンラインコース最終課題としての本コンペは、店舗やカテゴリ・アイテムごとの日別売上個数から、アイテムごとの将来の月別売上個数を予測するというものとなります。本書で取り上げていない、売上データ、時系列データの取り扱いに関しては、次のNotebookを通して様々な知見が得られると思います。

- **Model stacking, feature engineering and EDA**
  URL https://www.kaggle.com/dimitreoliveira/model-stacking-feature-engineering-and-eda

- **Simple and Easy Aprroach using LSTM**
  URL https://www.kaggle.com/karanjakhar/simple-and-easy-aprroach-using-lstm

PUBG Finish Placement Prediction（Kernels Only）コンペ

　バトルロワイヤル型のFPSゲームで有名な**PUBG**を題材とした珍しいコンペとなります（図5.4）。PUBGは100人のプレイヤーの中で最後の1人まで生き残るべく戦うゲームですが、データとしてプレイヤーごとの**キル数**、**総歩行距離**、**武器入手数**、**回復アイテム利用数**などが与えられ、各試合内での各プレイヤーの最終順位を予測する、というコンペとなります。playground扱いであり、メダル対象コンペではないものの、題材のキャッ

図5.4：PUBG Finish Placement Prediction（Kernels Only）コンペ
URL https://www.kaggle.com/c/pubg-finish-placement-prediction

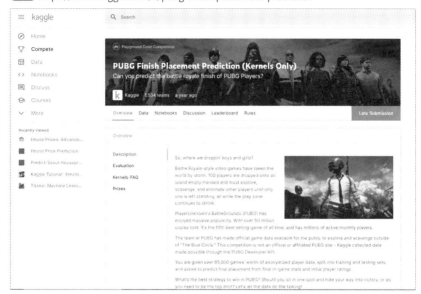

チーさから、筆者自身も非常に熱中（ゲーム自体にもデータ分析にも）した
ものとなります。

　ゲーマーの方であれば下記のNotebookは、楽しみながら学習できると
思います。

- **PUBG Finish Placement Prediction: playground**
  URL https://www.kaggle.com/plasticgrammer/pubg-finish-
  placement-prediction-playground

- **EDA is Fun!**
  URL https://www.kaggle.com/deffro/eda-is-fun

IEEE-CIS Fraud Detection コンペ

　eコマースのトランザクション情報（デバイスや購入商品、金額など）を
解析して不正取引を検知するコンペとなります（図5.5）。既存の特徴量の統

図5.5：IEEE-CIS Fraud Detection コンペ
URL https://www.kaggle.com/c/ieee-fraud-detection

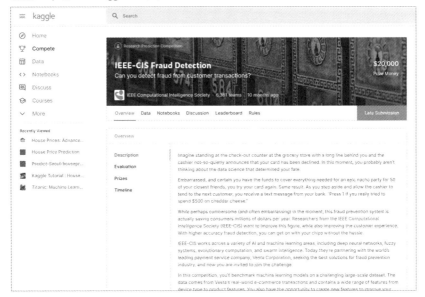

計量を計算したり、特徴量を組み合わせて新たな特徴量を生成したり、逆に
PCAなどを用いて冗長な特徴量をまとめたりすることが重要なコンペです。
　その他、上位解法では、validationのテクニックや、トランザクションか
らユーザを特定するためのテクニックなどが公開されておりますので、さら
に学習を進める場合は下記以外にも様々なNotebook/Discussionも確認す
るとよいでしょう。

- **Extensive EDA and Modeling XGB Hyperopt**
  URL https://www.kaggle.com/kabure/extensive-eda-and-
  modeling-xgb-hyperopt

- **LightGBM Single Model and Feature Engineering**
  URL https://www.kaggle.com/tolgahancepel/lightgbm-single-
  model-and-feature-engineering

5.3 GCPのAI Platformによる分析手順

　Kaggleでは大容量のデータを扱うコンペも少なくありません。ローカル環境では分析が困難な場合、クラウドを用いて分析をすることになります。ここでは、GoogleのGoogle Cloud Platform（以下GCP）を利用する場合の手順を紹介します。

GCPのAI Platformについて

　GCPでは各種サーバ設定をしてsshでログインする方法がある他、スペックを選択すると即時にJupyter Notebook環境で分析を開始できるAI Platformを利用する方法があります。本書では、特にAI Platformを利用する手順について述べます。なおGCPの他、クラウドサービスは有料のサービスとなります。いきなりハイスペックの設定をせず、必ず日々の消費金額を確認するようにしましょう。また、2020年9月現在、新規利用に関しては、300ドル分利用の無料トライアルがありますので、まずは無料トライアルを試してみるとよいでしょう（図5.6）。

図5.6：GCPの無料トライアル（2020年9月現在）
URL https://cloud.google.com/free/

GCPの利用にあたって

　無料トライアルでGCPを利用する場合の設定と無料トライアル期間が終了してGCPを利用する場合の設定を簡単に説明します。

無料トライアルでGCPを利用する場合の設定

　お持ちのGoogleアカウントにログインして（図5.7❶）GCPサイト（ **URL** https://console.cloud.google.com/）にアクセスします❷。はじめての利用で、無料枠を利用する場合、「無料で開始」をクリックします❸。

図5.7：「無料で開始」をクリック
URL https://console.cloud.google.com/

　「ステップ　1/2」で「Google Cloud Platform 利用規約…」にチェックを入れます（図5.8❶）、「続行」をクリックします❷。

図5.8：「ステップ　1/2」

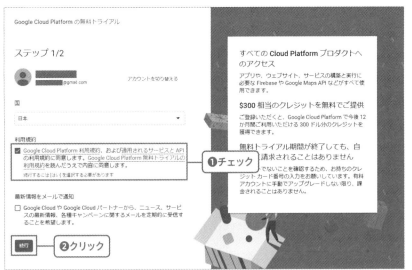

　「ステップ　2/2」で「アカウントの種類」（図5.9❶）、「名前と住所」❷、「お支払いタイプ」❸を設定し、クレジットカードの登録をして❹、「クレジット（デビット）カードの住所は上記と同じ」にチェックを入れ❺、「無料トライアルを開始」をクリックします❻。

図5.9：「ステップ　2/2」

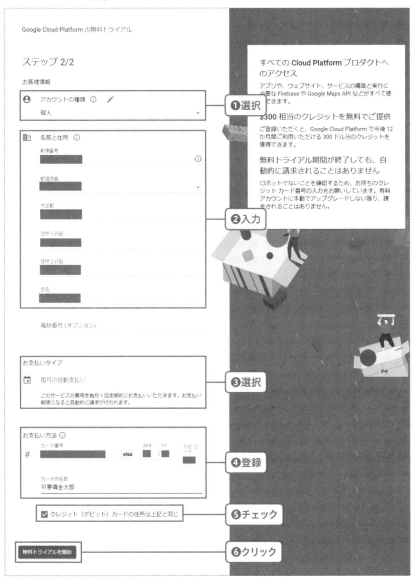

「ようこそ、(ユーザ名)さん！」画面が表示されます。画面上の質問は「スキップ」をクリックしてスキップしてもかまいません（図5.10）。

図5.10：「ようこそ、(ユーザ名)さん！」画面

GCPにログインした画面が表示されます。これで利用する準備ができました（図5.11）。すでにログインした状態で、「My First Project」が作成され、選択された状態にあり、すぐにプロジェクトを開始することができます。

図5.11：GCPにログインした画面

無料トライアル期間の終了後もGCPを利用する場合の設定

無料トライアル期間が過ぎた後も利用する場合、無料期間中のプロジェクトを継続して使用するか、新規のプロジェクトを作成します。

左上のプロジェクト名をクリックして（図5.12❶）、「プロジェクトの選択」画面で「新しいプロジェクト」をクリックします❷。「新しいプロジェクト」画面で「プロジェクト名」に任意のプロジェクト名を入力して❸、「場所」は「組織なし」のまま❹、「作成」をクリックします❺。

図5.12：新規プロジェクトを作成

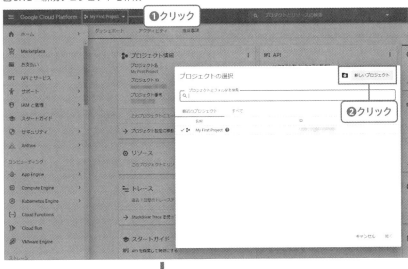

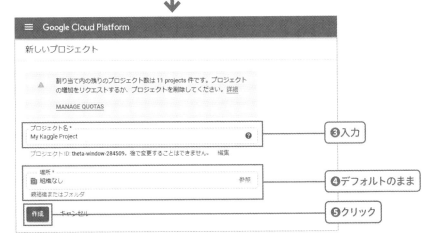

「プロジェクトの選択」画面を見ると新規のプロジェクトが作成されていることがわかります。ダブルクリックすると作成したプロジェクトが選択されます（図5.13）。

図5.13：新規プロジェクトを作成

各種サービスを利用できるようにするため、請求先設定をしておきます。なお、無料トライアルで利用する場合、この手順は不要です。

左上の「ナビゲーションメニュー」をクリックして（図5.14❶）、「お支払い」を選択します❷。

図5.14：左メニューから「お支払い」を選択

　無料トライアル期間が期間終了後に「このプロジェクトには請求先アカウントがありません」と表示された場合、別のプロジェクトで利用中のお支払い情報とリンクさせるか、新規に設定します。ここでは「請求先アカウントを管理」を選択します（図5.15）。

図5.15：「請求先アカウントを管理」を選択

　「請求先アカウント」の一覧が表示されるので、該当するアカウントをクリックします（図5.16❶）。
　左メニューから「お支払い設定」をクリックします❷。

図5.16：お支払い設定

注意

請求先アカウントがない場合や「この請求先アカウントの費用を表示する権限がありません」と表示される場合：

請求先アカウントがない場合や「この請求先アカウントの費用を表示する権限がありません」と表示される場合は、「アカウントを作成」をクリックします。すると新しい請求先アカウントの作成」画面が表示されます（図5.17）。「名前」に請求先アカウント名を入力し❶、「国」は「日本」❷、「通貨」は「JPY」❸のまま、「続行」をクリックします❹。すると図5.16の❸以降の「課金情報の設定」の画面に遷移します。

図5.17：「新しい請求先アカウントの作成」画面

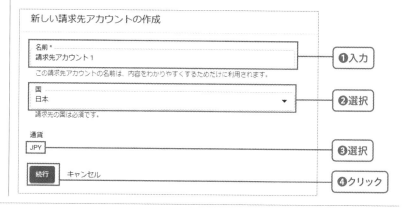

（図5.16　続き）

（図5.16 続き）

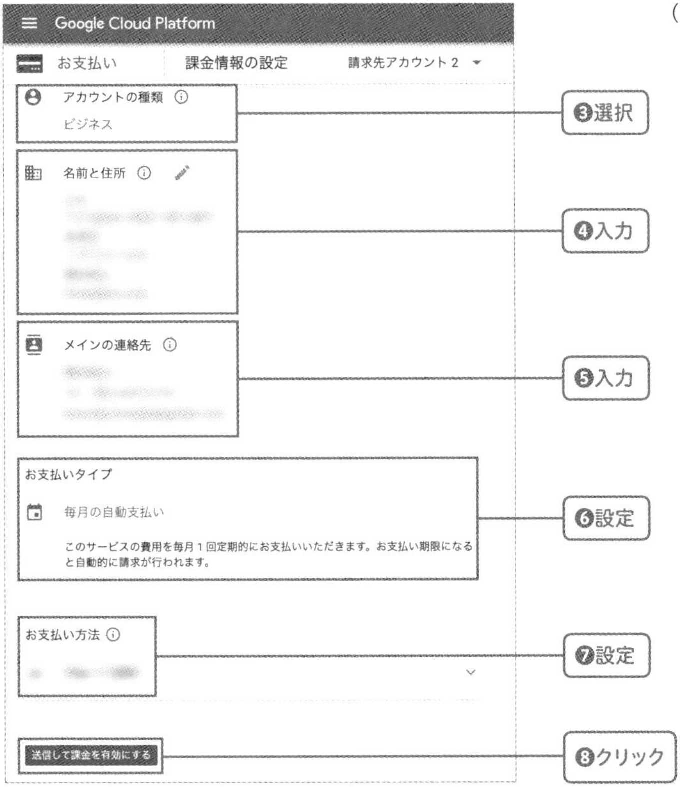

「課金情報の設定」の画面で「アカウントの種類」❸、「名前と住所」❹、「メインの連絡先」❺、「お支払いタイプ」❻、「お支払い方法」❼といった請求先情報を入力・設定し、「送信して課金を有効にする」をクリックすると❽、各種サービスが利用できます。

また、お支払い情報設定後は、お支払いページから日々の請求金額を確認できます。意図せず高額な支払いが発生しないよう注意しましょう。

請求先情報入力により、GCPの各種サービスを利用できるようになります。

GCP にデータをアップロードする

まずGCPにデータをアップロードします。GCPサービスの中で、大容量のデータストレージに該当するものは「Storage」となります。左上の「ナ

ビゲーションメニュー」をクリックして（図5.18❶）、「Storage」❷→「ブラウザ」を選択します❸。

図5.18：左メニューから「Storage」→「ブラウザ」を選択

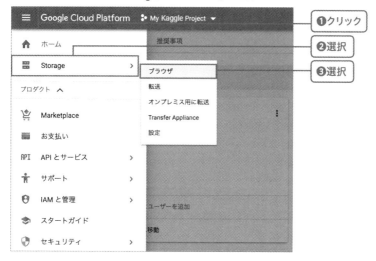

Storageは、バケットと呼ばれる単位で、容量などのスペックを定義し、データを格納していきます。まずは、中央の「バケットを作成」をクリックして（図5.19）、新規バケット作成画面を表示します。

図5.19：「バケットを作成」をクリック

　「バケットに名前を付ける」で名前を入力します（ここでは「kaggle book」）（図5.20❶）。「データの保存場所の選択」の「ロケーション タイプ」は、Kaggleコンペでの利用を想定しており、堅強にデータを重複保存する必要もないので、「Multi-region」から「Region」に変更しておくとよいでしょう❷。「ロケーション」は「asia-northeast1（東京）」を選択します❸。「データのデフォルトのストレージ クラスを選択する」❹、「オブジェクトへのアクセスを制御する方法を選択する」❺、「詳細設定（省略可）」❻はデフォルトの設定のままで、「作成」をクリックします❼。

図5.20：バケットの作成

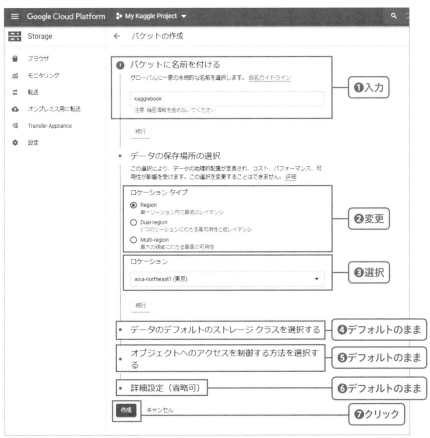

　バケットを作成したら、必要に応じてフォルダを作成します。第3章で紹

介したディレクトリ構成と同じにする場合、「フォルダを作成」をクリック
して（図5.21❶）、「フォルダの作成」画面で名前（ここでは「titanic」）を
入力して❷、「作成」をクリックします❸。さらに「titanic/」をクリックし
て❹、同様の手順で「data」フォルダを作成します❺❻❼。作成したフォル
ダ名（「data/」）をクリックします❽。作成した「data」フォルダに移るので、
この中にファイルをアップロードします。ファイルのアップロードは、「ファ
イルをアップロード」をクリックして❾、ファイルを選択してアップロード
するか❿-1、画面にファイルをドラッグ＆ドロップしてもアップロードで
きます❿-2（Windowsの場合）。

図5.21：フォルダの作成とバケットへのファイルのアップロード

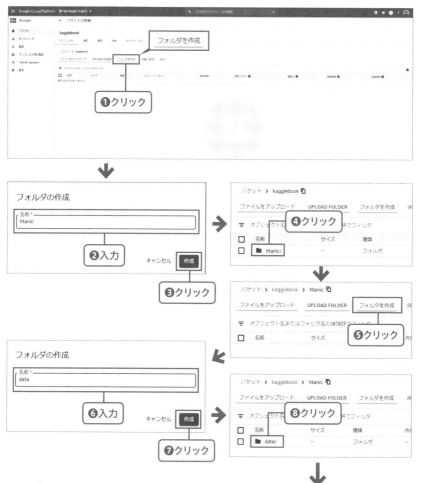

ファイルをアップロード　❾クリック

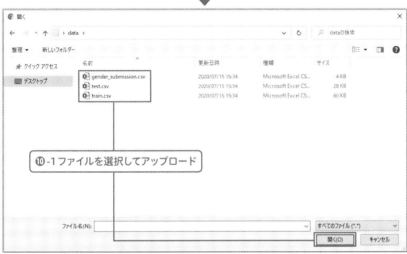

❿-1 ファイルを選択してアップロード

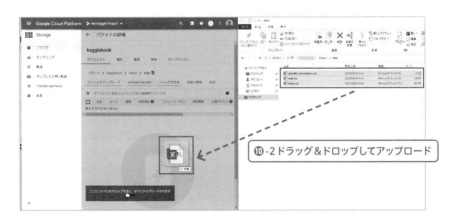

❿-2 ドラッグ＆ドロップしてアップロード

GCP の AI Platform を利用する

Storage の準備ができたら次に GCP 上で Notebook を簡易に使用できる **AI Platform** を利用してみましょう。まずは左上の「ナビゲーションメニュー」をクリックして（図5.22❶）、「AI Platform」❷→「ノートブック」を選択します❸。

図5.22：「AI Platform」→「ノートブック」を選択

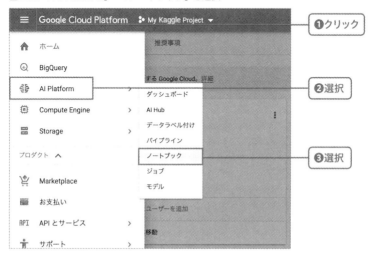

はじめて利用する場合、Computer Engine API を有効にするよう表示されますので「API を有効にする」をクリックします（図5.23❶）。しばらくすると「インスタンスページに移動」に変わるのでクリックします❷。インスタンスの作成画面に移動します❸。インスタンスとは Notebook を起動するためのサーバとなります。

図5.23：API を有効にする

❷クリック

❸表示

すでにGCPで他のインスタンスを作成している場合、現在利用中のインスタンス一覧が表示されます（図5.24）。

まずは新しくインスタンスを設定します。画面上部の「新しいインスタンス」をクリックします。

図5.24：新しいインスタンスの設定

クリック

するとインスタンスの各種スペック設定画面が表示されますので「Customize instance」を選択します（図5.25）。

図5.25：「Customize instance」を選択

　まず「インスタンス名」を入力します（図5.26❶）、「リージョン」❷「ゾーン」❸はそのままでかまいません。「Operating System」は「Debian 9」のまま❹、「環境」は「Intel® optimized Base (with Intel® MKL)」を選択します❺。「マシンタイプ」は「n1-standard-4 (4 vCPUs, 15 GB RAM)」を選択します❻。「GPUs」は、このゾーン、フレームワーク、マシンタイプで使用できるGPUはないので「None」のままにします❼。「ブートディスク」❽、「ネットワーキング」❾、「Permission」❿はそのままでかまいません。スペックを設定したら、「作成」をクリックして⓫、インスタンスを作成します。

メモ

インスタンスの各種スペックについて：

ひとまず利用してみる場合は、デフォルトのままでよいかと思います。なおスペックは後から変更できます。利用中に、もっと速く処理するようにしたい、非常に大きいデータを扱うため実行中にメモリエラーが起こるといった場合、必要に応じてCPUなどを上げておきましょう。またスペックに対して、利用状況に余裕がある場合、都度、画面にスペック変更推奨の表示がされます。スペックを下げるとコストの節約になります。

図5.26：インスタンスの作成画面

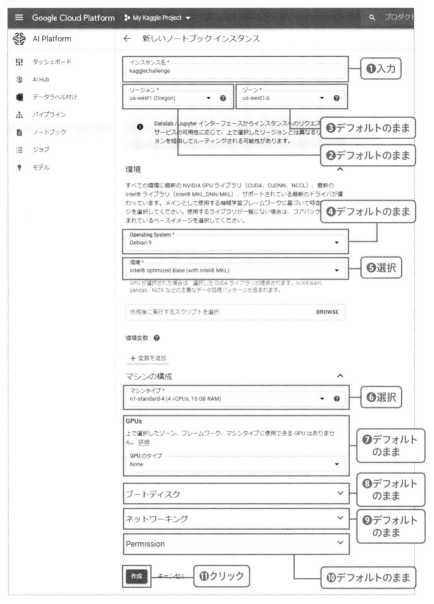

インスタンスが立ち上がると、インスタンス名の横に「JUPYTERLABを開く」と表示されますのでクリックします（図5.27）。

図5.27:「JUPYTERLABを開く」をクリック

　AI PlatformのNotebook利用画面が表示されます（図5.28）。後は、通常のNotebookの利用と同様となります。

図5.28：AI PlatformのNotebook利用画面

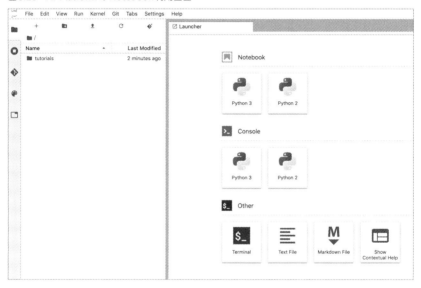

GCPのAI Platform経由で Storageのデータを利用する

　最後に、GCPのAI Platform経由で、Storageのデータを利用する手順について見ていきます。
　起動時の画面から「Notebook」の中の「Python3」をクリックして（図5.29❶）、Python 3のNotebookを作成します❷。

図5.29：Python 3のNotebookを作成する

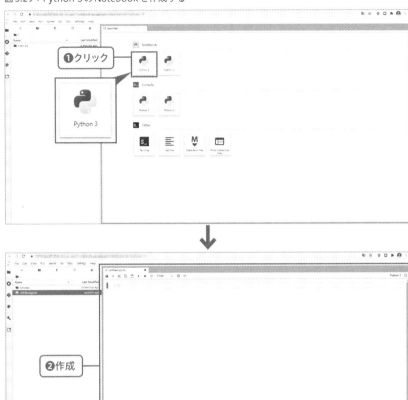

　次に**リスト5.1**のように、Storageにアクセスするためのパッケージをインポートします。

リスト5.1　Storageにアクセスするためのパッケージをインポート

```
from google.cloud import storage as gcs
import io
from io import BytesIO
import glob
```

　また、CSVファイルを読み込むために、pandasも事前にインポートして
おきます（リスト5.2）。

リスト5.2　pandasをインポート

```
In
import pandas as pd
```

　Storage内にアクセスするためのバケット名などの情報を入力します。
project_nameは、Storageを作成した時のプロジェクト名、bucket_
nameはファイルを保存しているバケット名、folder_pathは、ファイ
ルを格納したパスを入力してください（リスト5.3）。

リスト5.3　Storage内にアクセスするためのバケット名などの情報を入力

```
In
project_name = "My Kaggle Project" # 作成したプロジェクト名に➡
変更する
bucket_name = "kagglebook" # 作成したバケット名に変更する
folder_path = "titanic/data/" # ファイルをアップロードしたパス➡
に変更する
```

　リスト5.3をもとに、Storageのバケットを呼び出します（リスト5.4）。

リスト5.4　Storageのバケットを呼び出す

```
In
client = gcs.Client(project_name)
bucket = client.get_bucket(bucket_name)
```

　後は、CSVファイルをバケットから読み込むためにリスト5.5の関数を定
義しておきます。

リスト5.5　関数を定義

```
In
def get_csv_from_gcp(file_name):
    train_path = folder_path + file_name
    blob = gcs.Blob(train_path, bucket)
    content = blob.download_as_string()
```

```
    df = pd.read_csv(BytesIO(content))
    return df
```

　以上により、例えばリスト5.6のようにすることで、任意のファイルを Storageから呼び出すことができます。

リスト5.6　任意のファイルをStorageから呼び出す

```
In
train_df = get_csv_from_gcp("train.csv")
test_df = get_csv_from_gcp("test.csv")
submission = get_csv_from_gcp("gender_submission.csv")
```

　また、AI PlatformのNotebook上で第3章や第4章の分析を実行した後、作成したCSVファイルをStorageにアップロードするためには、まずは Notebook環境下にファイルを出力します（リスト5.7）。

リスト5.7　Notebook環境下にファイルを出力する

```
In
df.to_csv("sample_submission.csv", index = False)
```

　次に、リスト5.7で書き出したファイル名を用いてリスト5.8のように記述することで、Storageにそのファイルをアップロードできます。

リスト5.8　Storageにファイルをアップロード

```
In
blob = bucket.blob("sample_submission.csv")
blob.upload_from_filename(filename="sample_submission.➡
csv")
```

　その他、ローカルJupyter Notebookを利用する時と同様の手順でクラウドでの分析を行うことが可能です。

新規でライブラリを追加する

　なお、ある程度の分析に必要なPythonライブラリは標準でインストール
されていますが、もし分析の際に、新たに必要なライブラリが出てきたら、
AI PlatformのNotebook上でセルに`!pip install（ライブラリ名）`
（Python 3を使用している場合、`!pip3 install（ライブラリ名）`）と
コマンドを入力して実行するか、もしくはAI Platformのトップ画面左上の
「+」をクリックしてLauncherを呼び出し（図5.30❶）、「Other」にある
「Terminal」をクリックします❷。

図5.30：AI PlatformのLauncher画面。ここから「Other」にある「Terminal」をクリック

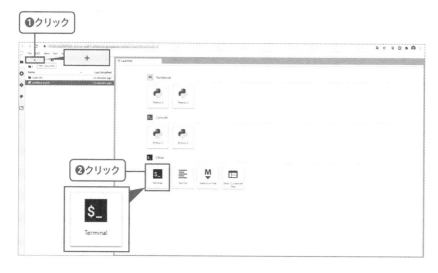

　すると、ターミナル画面が表示されますので、ローカル環境同様「`pip
install（ライブラリ名）`あるいは`pip3 install（ライブラリ名）`」
とコマンドを入力して実行することで（図5.31）、次回からはそのインスタ
ンス上で該当のライブラリが使用可能となります。なお、本書で解説してい
る環境ではPython 3のみがインストールされますので、`pip`と`pip3`はど
ちらもPython 3系に対するライブラリのインストールとなり同じ動作とな
ります。AI Platformのように、Python 2とPython 3が併存している環境
では`pip`に対応するPythonを指定（書き換え）するか、`pip`（Python 2
系）、`pip3`（Python 3系）を使い分ける必要があります。

図5.31：AI PlatformのTernimal画面

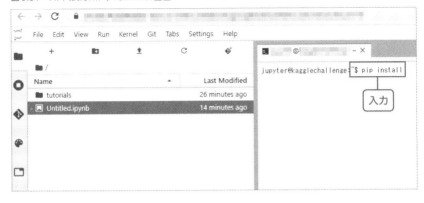

インスタンスの利用を停止する

　分析を終えたら、インスタンスの利用を停止することを忘れないようにしましょう。該当のインスタンスを選択後（図5.32 ❶）、画面上部の「停止」をクリックして❷しばらくすると、インスタンスが停止します❸。

図5.32：インスタンスの停止

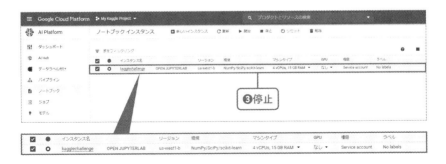

Kaggle Days Tokyo 2019
レポート

Kaggle Days Tokyo 2019の紹介とKaggle Daysにおける
村田秀樹氏のプレゼンテーションを紹介します。

A.1 Kaggle Days Tokyo 2019

2019年12月、国内で初となる「Kaggle Days」が開催されました（図A.1）。場所はGoogle Japanのオフィス（当時※1）（図A.2）。多くのデータサイエンティストやAIエンジニアが集ったイベントの様子を紹介します。

Kaggle Daysとは

世界中で開催されている、Kagglerたち（Kaggle参加者）が集うオフラインイベントです。メダルを有するKagglerたちのコンペや、プレゼンテーション・ワークショップ・オフライン交流の場として、人気のイベントです。

Kaggle Days Tokyo 2019は2019年12月11日と12日の2日間にわたって、行われました。Google Japanのオフィス内（当時）のランチも利用でき、多くのKagglerたちのコミュニケーションの場としても大いに盛り上がりました（図A.3）。

図A.1：1日目のプレゼンテーション会場

撮影：（株）翔泳社

※1　2019年末にGoogle Japanのオフィスは渋谷に移転しました。

図A.2：Google Japanのオフィス（当時）

撮影：（株）翔泳社

図A.3：ランチの様子

撮影：（株）翔泳社

1日目：プレゼンテーションおよびワークショップ

1日目は、国内外のKagglerの方が参加した様々なコンペに関する取り組みのプレゼンテーションが披露されました。

- "Leveling-up Kaggle Competitions"（Ben Hamner）
- Essential techniques for tabular competition（Kazuki Onodera）
- Hosting Kuzushiji the Competition（Tatin Clanuwat）
- Joining NN Competitions (for beginners) (Tomohiro Takesato)
- Imputation Strategy（Yuji Hiramatsu）
- How to encode categorical features for GDBT（Ryuji Sakata）
- 専業Kagglerの1年半 & LANL Earthquake Prediction 3rd place solution（Hideki Murata）
- Intro to BigQuery ML for Kagglers（Polong Lin）
- Feature Engineering Techniques & GBDT implementation（Daisuke Kadowaki）
- ML Modeling with AutoML Tables（Tin-Yun Ho & Da Huang）
- My Journey to Grandmaster: Success & Failure（Jin Zhan）
- How to succeed in code (kernel)competitions（Dmitry Gordeev）

同時並行でワークショップも開催されました。

- Tutorial on model validation and parameter tuning(Data Science Dojo)（Raja Iqbal）
- Practical Tips for handling noisy data and annotation(DeNA)（Ryuichi Kanoh）
- Workshop: Intro Google Cloud Platform for Kagglers（Miki Katsuragi）
- Feature Engineering for Events Data(Pawel Jankiewicz)
- "Computer Vision with Keras" live coding with Dimitris Katsios（Machine Learning Tokyo）

この中から、初心者の方にも参考になる「専業Kagglerの1年半 & LANL Earthquake Prediction 3rd place solution」（Hideki Murata）の発表を紹介します（図A.4）。

図A.4：専業Kagglerの1年半 & LANL Earthquake Prediction 3rd place solution（村田秀樹氏）

撮影：（株）翔泳社

2日目：Kaggle Days Tokyo Competition

　2日目は、オフラインコンペ「Kaggle Days Tokyo Competition」が開かれました。コンペの内容は以下のとおりです（詳細は割愛します）。

- **Kaggle Days Tokyo：Predict the age of Nikkei subscribers**
  URL https://www.kaggle.com/c/kaggle-days-tokyo/overview/timeline

　本書では誌面の都合上、詳細な内容を掲載していませんが、多くのKagglerの方の熱気にあふれたコンペでした。

「Kaggle Days Tokyo 2019」では
とても興味深いプレゼンテーション
が多かったんだよ！

「無職」なので、それにストレスを感じる人には、おすすめできません。でも、専業Kagglerであることに誇りを持てる人にはとてもおすすめです。基本的には収入はないので厳しいことが知られています。

　専業Kagglerの1日の時間の使い方ですが、朝起きてKaggle、昼食を食べてKaggle、夕食と子供の世話をして、またKaggleという感じです。専業Kagglerはこの時間の使い方がベストですが、雑用などがあり、このような時間の使い方ができない日もあります。

専業Kagglerになった理由

　「専業Kaggler」になったきっかけは、2018年2月頃です。「Kaggleに時間を使いたいので仕事を辞めます、1年間でKaggle Masterになります」という宣言をしました。家族に妻と赤ちゃんがいるので、妻からはめちゃくちゃ怒られました。

　私は、その前に、財務省で2011年7月から2015年6月まで働いていました。この時は、月の残業時間は200時間くらいが普通の生活でした。これは、勤務時間として約8時間働いた後に、残業でさらに同じぐらいの時間働きます。繁忙期には、毎日省内に泊まっていました。

　この長時間労働でも、世界中のどこでも働けるようなスキルが身につくのであれば、「若いうちの働き方の1つとしてありかな」と思うのですが、重要でやりがいのある仕事だとは思うものの、どこでも働けるようなスキルが身につくような仕事ではありませんでした。

　そのため、「現状の仕事は長く続けられない」と上司に伝えていたところ、外部の会社に3年間出向することになりました。その会社は、とてもホワイトな職場環境で、残業時間がゼロのいわゆる「9時5時」という環境でした。出向し、自分の時間が持てるようになったことで、2017年2月から機械学習の勉強をはじめました。

　それから、機械学習の勉強会を主催するなどして勉強を続け、Kaggleにも興味を持ち、2018年4月には『Kaggleのチュートリアル』（ URL https://note.com/currypurin/n/nf390914c721e）という同人誌を公開しました。2018年6月には公務員を退職して、専業Kagglerになりました。この時点ではまだ、Kaggleのコンペはタイタニックしかやっていませんでした。

専業Kagglerになってからの1年間

図A.5は専業Kagglerになってから1年間の戦績です。

図A.5：専業Kagglerになってから1年間の戦績

結　果	
● 2018. 8: Santander Value Prediction Challenge	8位（金）
● 2018. 8: Home Credit Default Risk	986位
● 2018.10: 台風コンペ（Kaggle外）	スコアなし
● 2018.12: PLAsTiCC Astronomical Classification	16位（銀）
● 2019. 2: Elo Merchant Category Recommendation	359位
● 2019. 3: VSB Power Line Fault Detection	78位
● 2019. 4: PetFinder.my Adoption Prediction	27位（銀）
● 2019. 5: LANL Earthquake Prediction	3位（金）

Kaggle Masterになる

2つ目の金メダル獲得

　2018年8月にはじめて参加したSantander Value Prediction Challengeというコンペにおいて、8位でソロ金メダルを獲得という奇跡が起きます。（Kagglerの方であれば）ご存知の方も多いと思うのですが、かなりリークのあったコンペです。2018年12月のPLAsTiCC Astronomical Classificationコンペで16位の銀メダル、2019年4月のPetFinder.my Adoption Predictionコンペで27位の銀メダルを獲得しました。ここでKaggle Masterになり、目標を達成することができました。2019年5月には、この後で紹介するLANL Earthquake Predictionコンペで3位の金メダルとなり、2つ目の金メダルを獲得できました。

　専業Kagglerの期間は1年間の予定だったのですが、自分の実力を考えると当初の想定よりも弱いと感じていて、「これで専業Kagglerを辞めたくないな」と思い、この時に「もう半年間専業Kagglerをやらせて欲しい」と妻にお願いしました。そして「12月までにKaggle Grandmasterになる」という目標を立てました。ちなみに昨日の懇親会で、「どうやって離婚を回避したのですか」と訊かれたのですが、妻に頼み倒して、何とか許可をもらいました。

Kaggle Grandmasterを目指した半年間

　「今後の進退をかけて、残り半年でKaggleをやろう」ということになりました。Kaggle Grandmasterまで残り金メダル3つなので、専業でやれば半年でとれる自信があったのですが、全然駄目でした。図A.6が半年間の戦績です。

図A.6：Kaggle Grandmasterを目指した半年間の戦績

結　果	
● 2019. 9: APTOS 2019 Blindness Detection	1513位
● 2019. 11: Severstal: Steel Defect Detection	185位
● 2019.12: ASHRAE - Great Energy Predictor III	不明
● 2020. 1: 2019 Data Science Bowl	不明

テーブルコンペが少なかったこともあり、画像コンペに注力したが残念な結果に。

専業Kagglerの1年半の振り返り

　振り返ると、専業Kagglerになり、1つ目のコンペで、ソロゴールドという最高のスタートを切れましたが、その後、思うような成績が残せませんでした。ひと月に1つのコンペに取り組むというペースで取り組んでいましたが、「3カ月間かけて1つのコンペに取り組むこともやればよかったかな」と、今になると思います。

　また、反省点として、コンペの終了後の取り組み方があります。「上位のソリューションなどをすべて理解し、自分のものにしていくべきだった」と思いました。自分はその点が少しおろそかだったので、結果もついてこなかったと思います。

　また、チームマージをすると「学び」が大きいので、「積極的にチームマージをするとよかった」と思います。そのためにも、他の人には負けない長所があると、チームマージもしやすくなるので、得意なことを作るとよかった

と思います。

　本当は、今からもう一度、妻に頼み込んで専業Kagglerを続けたいのですが、さすがに「ちょっと無理だな」と思っており、来年（2020年）には就職をしようと思っています。

　「専業Kagglerをやってよかったか」ですが、「よかった」です。Kaggleのコミュニティは最高だと思います。2020年1月時点で専業Kagglerを辞める予定ですが[※3]、また機会があれば取り組みたいと思っています。Kaggleは専業Kagglerを辞めてもできるので、来年（2020年）は、Kaggle Grandmasterになるために、残り金メダル3つを獲得することを第一に考えてやっていきたいです。

LANL Earthquake Prediction 3rd place solution

　LANL Earthquake Prediction（通称：地震コンペ、 URL https://www.kaggle.com/c/LANL-Earthquake-Prediction）の3位のソリューションについて説明します。このコンペでは、チームメイトと試行錯誤しながら、疑問点を解消していくのがとても楽しかったです。特にモデリングは、いろいろ考えて頑張りました。

コンペの概要

　コンペのタスクは、実験室で擬似的な地震を何度も発生させ、その際に発生する音のデータから、何秒後に地震が発生するかを予測することです。

　評価指標はMAE（Mean Absolute Error：平均絶対誤差）で、これは正解と予測値の差の絶対値の平均で計算されます。

トレーニングデータ

　トレーニングデータ（図A.7）は2列のデータで、1列目の「acoustic_data」が音の振幅です。2列目の「time_to_failure」が何秒後に地震が発生するかを示しています。

　図A.7のデータだと、12、6、8、5、8と音の振幅が並んでおり、はじめの12の振幅の行は、「1.4690999832秒後に地震が発生する」ということ

※3　本書ではプレゼンテーション当時の表記をしています。

を意味します。

また、このデータが6億行並んでいて、およそ4MHz（1秒に4,000,000個の値を持つ）のデータになっています。

図A.7：トレーニングデータ

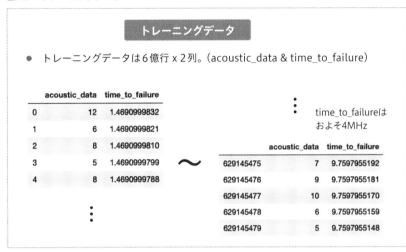

トレーニングデータのすべてを描画すると図A.8のようになります。

図A.8：トレーニングデータを図で表示

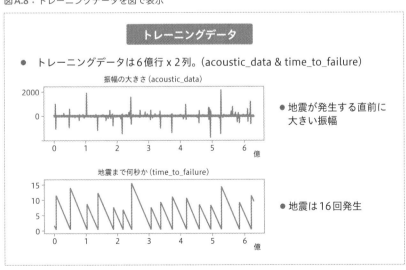

図A.8の下のグラフが「time_to_failure」を可視化したものです。

高さが0の箇所で（一番下に達した時に）地震が発生しており、トレーニングデータ全体で16回発生しています。

また、上のグラフが「acoustic_data」を可視化したものです。

地震が発生する直前に大きな振幅が発生するデータとなっており、また、地震が起こった直後は振幅の分散が小さく、徐々に分散が大きくなるデータとなっています。

テストデータ

テストデータは、図A.9のように150,000行の「acoustic_data」が、2,624個あります。答え（ターゲット）である「time_to_failure」は、予測する必要があり、与えられないため「acoustic_data」の1列だけのデータになっています。

2,624個のそれぞれのデータについて、何秒後に地震が発生するかを予測し提出する必要があります。Public Leaderboardのスコアはテストデータの13%で計算され、Private Leaderboardはテストデータの87%で計算されます。

図A.9：テストデータ

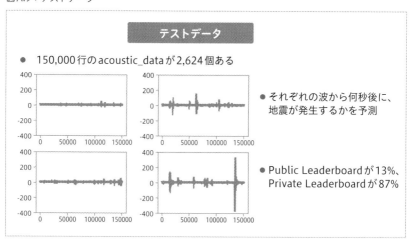

学習の仕方

　ここからは、「どのように学習したのか」について説明します。トレーニングデータには6億行のデータがあり、それをテストデータと同じく150,000行ごとに分割して特徴を作り学習します。

　例えば、はじめから150,000行ごとに分割して、それぞれの最大値（max）、最小値（min）、平均（mean）、標準偏差（std）を4つの特徴にして、LightGBMで学習することができます。すると、LightGBMのfeature importanceは標準偏差の重要度が大きく、Public Leaderboardのスコアが1.794となりました（図A.10）。

図A.10：学習の仕方

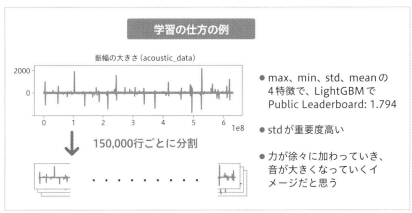

上位入賞の鍵

　上位入賞への鍵となった点としては、使用されているデータがホストの論文のデータでも使われていたことです。

　論文を参考にして、Leaderboard Proving[※4] により、テストデータのPublic Leaderboard部分の最大値や平均値がわかり、これによってテストデータのPublic Leaderboard部分と Private Leaderboard部分の分割が推測可能だったことです。その推測結果をうまく使えたことで、上位になっ

※4　Public Leaderboardのスコアを参考に、Public Leaderboardの計算に使われるテストデータの情報や評価指標の係数などを入手する手法です。

たと思います。

Leaderboard Proving

Leaderboard Proving（図A.11）ですが、Kaggleの「ディスカッション※5」でも議論されていました。

テストデータの予測値を「All0（すべてゼロ）」でサブミットすることによりPublic Leaderboardのスコアが4.017となり、Public Leaderboard部分のターゲットの平均は4.017で確定になります。

また、同様に「All 11」、「All 10」、「All 9」でサブミットすることによりPublic Leaderboard部分のターゲットの最大値がわかりました。「All11」のスコア6.982と「All10」のスコア5.982ではスコアの差がちょうど1であり、評価指標との関係からこの間にはターゲットの最大値がないことがわかります。「All 10」の5.982と「All 9」の5.017では差が1ではなく、この間にPublic Leaderboardのターゲットの最大値があることがわかります。

このLeaderboard Provingで得たPublic Leaderboard部分の「平均」と「最大値」の情報については、後で使うので、覚えておいてください。

図A.11：Leaderboard Proving

Leaderboard Proving

Discussion：https://www.kaggle.com/c/LANL-Earthquake-Prediction/discussion/91583

評価指標MAE：
$$\frac{\sum_{1}^{n}|y_i - pred_i|}{n}$$

- All0でのsubmit　→ Public Leaderboard 4.017
　　　　　　　　　　→ Public Leaderboardのターゲットの平均は4.017

- All11でのサブミット→ Public Leaderboard 6.982
　All10でのサブミット→ Public Leaderboard 5.982
　All 9でのサブミット→ Public Leaderboard 5.017

Public Leaderboardのターゲットの最大値は9〜10の間

※5　https://www.kaggle.com/c/LANL-Earthquake-Prediction/discussion/91583

スコア推移

　開催期間が約6カ月間と長いコンペでしたが、私はコンペ終了の1カ月ぐらい前の4月29日から参加しました。図A.12は参加期間中のスコアの推移ですが、少しずつPublic Leaderboardのスコアを改善し、最後にPrivate Leaderboardのスコアを改善しました。

図A.12：スコア推移

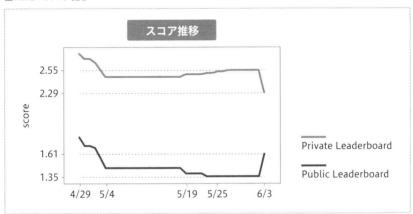

Public Leaderboardベストモデル

　ここでPublic Leaderboardが80位ぐらいになるまでにしたことを説明します（図A.13）。まず、トレーニングデータの24,000箇所をランダムに選び始点とし、その始点からそれぞれ150,000個のデータを1レコードとして、特徴を作成しました。

　特徴は、公開されているNotebookを参考に2,000程度作成しました。交差検証の分割は、各地震をグループとするGroup KFoldを用いました。

　XGBoostを使用し、ディスカッションで共有されていた「ターゲットをターゲットの平方根に変換して学習・予測する方法」を試すとPublic Leaderboardのスコアが改善しました。一方、LightGBMやCatBoostはよいスコアが出ませんでした。

図A.13：Public Leaderboardベストモデル

Public Leaderboardのベストモデル

Public Leaderboard：80位　　1.35003　　96

- 24,000箇所を始点としてランダムに選択しトレーニングデータの特徴を作成
- Notebookを参考に2,000程度特徴を作成
- GroupKFold
- XGBoost
- ターゲットの平行根に変換して学習
- LightGBM、CatBoostはよいスコアが出ない

ホストの論文

　残り9日の時点で、チームメイトとチームマージをしました。チームマージ後に2人で議論しているうちにとても重要なディスカッションがあることに気づきました。『Are data from p4677?※6』というディスカッションで、ここではホストが書いた論文に使われたデータであるp4677について議論がされていました。

　この論文の内容は、一般的にも面白い内容だと思います。論文では、「あるデータが、地震が発生後何秒のデータなのかは、決定係数0.95程度のよい精度で予測ができた（図A.14のTime since failure(s)の行参照）。」、「あるデータが、地震まで何秒かを予測するのは難しかった(図A.14のTime to failure(s)の行参照)。」という説明がされていました。

　今回のコンペでは、後者の「地震まで何秒かを予測する」ことが、ホストがやりたいことです。

　図A.14の「Time since failure(s)」箇所の右側の図はx軸を正解データ、y軸を予測として描いた図ですが、地震発生直後は高い精度で予測できていることがわかります。

※6　https://www.kaggle.com/c/LANL-Earthquake-Prediction/discussion/90664

図A.14：ホストの論文

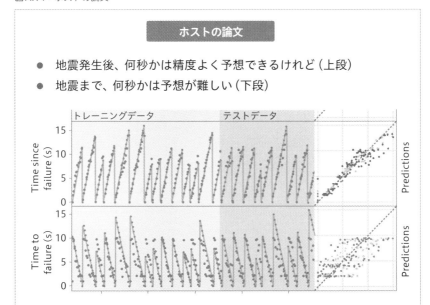

ホストの論文

- 地震発生後、何秒かは精度よく予想できるけれど（上段）
- 地震まで、何秒かは予想が難しい（下段）

論文で使われたデータとコンペのデータは同一なのか

　このディスカッションでは、「ホストの論文[7]で使われているデータとコンペで使われているデータは同じなのか」という議論がされており、私のチームでも同じかどうかの検討をしました。

　図A.15は、上にコンペのデータを、下にホストの論文のデータを並べたものです。すごく似ていますが、少し違う箇所があります。具体的には、コンペのデータの5つ目・6つ目の山の箇所がホストの論文のデータと異なり、トレーニングデータの範囲もコンペのデータのほうが長くなっています。

　しかし、他の箇所を見ると完全に一致しており、「ホストの論文のデータとコンペのデータは同じに違いない」と仮定して、コンペを進めることにしました。

　テストデータを論文のデータと仮定できたことで、テストデータの2,624個が、仮定したテストデータのどの箇所に対応するか等少しでもヒントがあ

※7　https://arxiv.org/pdf/1810.11539.pdf

図A.15：コンペのデータ（上）、ホストの論文のデータ（下）

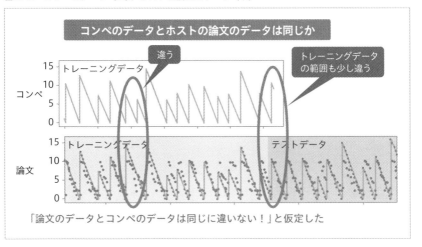

ると、よい予測ができます。しかし実際には、テストの分布がわかっていて
も、次に何をすればよい予測ができるかは、難しかったです。

ホストの論文の情報とLeaderboard Provingの情報を組み合わせる

　そこでPublic Leaderboardのデータが13%で、Private Leaderboard
のデータが87%であること、そしてLeaderboard Provingによって得た
Public Leaderboardのターゲットの平均は4.017であること、Public
Leaderboardのターゲットの最大値が9から10の間にあることから、
「Public Leaderboardの計算に使われているデータの位置を特定できるか
もしれない」と思い、考えてみました。

　Public Leaderboardのターゲットの平均は4.017ですが、テストデータ
からランダムに13%を抽出して、4.017になる確率はかなり低いです。そ
のため、「Public LeaderboardとPrivate Leaderboardのデータはランダ
ムに選択されたのではなく、それぞれ連続の箇所ではないか」と推測しまし
た。

　しかし、Leaderboard Provingで得た情報である「Public Leaderboard
のターゲットの平均が4.017で最大値が9〜10」という条件を満たす一連の
箇所は、どこにもありません。そこで、両端がPublic Leaderboardのデー
タだとすれば条件を満たす分割ができるため、「両端がPublic Leaderboard

のデータではないか」という仮説ができました。具体的には図A.16の太い線の部分です。

図A.16：Leaderboard Provingについての Discussion

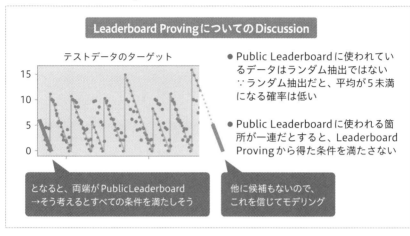

この仮説を確かめるため、「ここがPublic Leaderboardのデータだ」と仮定して、ターゲットの予測を行い何度かサブミットをしましたが、ベストスコアを更新することはできませんでした。

しかし他に候補もないので、この仮説を信じてモデリングすることにしました。具体的には、太い線の箇所がPublic Leaderboardのデータで、その間の箇所がPrivate Leaderboardのデータと仮定し、Private Leaderboardのスコアがベストになるようにターゲットを予測することです。

そのための方法として、「どうすればよいか」と考えた案は次の2つです。

- 案1：トレーニングデータをPrivate Leaderboardのデータに近いようにサンプリングする
- 案2：トレーニングデータのターゲットを調整する

私は直感的に「案2がとてもうまくいきそうだ」と思い、案2から試すことにしました。

これは、Private Leaderboardのデータは、地震発生から次の地震までが10秒強のものが多く、また、ホストの論文で地震発生からの秒数は精度

よく予測できることから、案2がうまくいくという仮説です。

　学習と予測の流れが図**A.17**です。トレーニングデータのターゲットを、地震発生直後の次の地震までの秒数を10に変換します。そうすると、地震発生から1秒後のデータについてはターゲットが9、2秒後のデータについてはターゲットが8のようになります。そうして、テストデータについて太い線のように予測することができれば、Private Leaderboardのスコアがよくなるという想定です。

図**A.17**：学習と予測の流れ

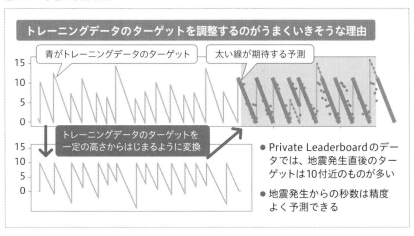

　そこで図**A.18**のように、3分割するValidationを作り交差検証（クロスバリデーション）をしました。Validationに用いなかった箇所は、ミニ地震が発生していそうだったので、そこはValidationから除いています。後から考えると、もしかしたらテストと近いデータをValidationに固定するとか、他にもよいValidationの方法はあったかもしれません。

図A.18：3分割するValidationの作成

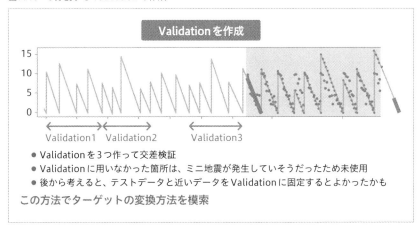

この Validation をもとに、いろいろなトレーニングデータのターゲットの変換方法を試し、Validation スコアが一番よいスコアになる変換方法を採用することにしました。最終モデルでは、よりよい CV（Cross Validation）スコアとなったので、図A.19のように一定の高さから次の地震が発生する時刻に向かって線を引き、面積が最小になる高さ（図A.19のh）を決める方法にしています。このようにトレーニングデータのターゲットを修正し、LightGBM で学習・予測をした結果、私たちのチームは3位になりました。

図A.19：3分割するValidationの作成

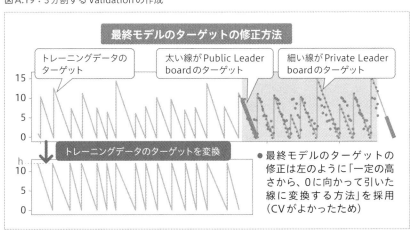

　ここまで振り返ると、チームマージをして、リークやLeaderboard Provingのディスカッションについて議論し、いろいろと考えることはとても勉強になりました。ホストの論文のデータがコンペでも使われているというリークもありましたが、それを前提に勝負することも、私はすごく楽しいと思いました。

　今から考えると、最終モデルは、両方LightGBM主体になってしまったので、XGBoostや、CatBoostなど他のモデルも選んでおいたほうが安全だったと思います。

　地震コンペの話はこれで終わります。今日は、1位のチーム、2位のチームの方が来ている中で、このような発表をするのもとても恐縮ですが、私が話せる内容ということで、専業Kagglerの話と、地震コンペの3位の話をさせていただきました。ありがとうございました。

参考になる点も多い
プレゼンテーションだったね！

INDEX

G/H/I

J/K/L

M/N/O

た

や

ら

わ

おわりに

　会社には様々な部署があります。たとえば私の所属している広告会社では営業やマーケティング、経理、人事、クリエイティブ、メディア担当、広報など、そしてデータ分析の部署があります。本書をお読みの方は、データ系の部署（あるいは学生の方はデータ分析系の研究室・学部）ではない方もいるかもしれません。

　データ分析、特にビッグデータ・機械学習を用いる分析は、専門部署の人に任せて、「自分には関係ない・自分にはできないこと」と無意識のうちに避けて、漠然としたイメージでデータ分析・機械学習でできることを捉えていた方もいるかもしれません。

　確かに高度な分析は、背景知識なく用いると誤った分析結果をもたらし、場合によってミスリードを起こしてしまう可能性があります。しかし、データが全く関係ない部署は、もはやなく、ましてやデータはアイデアや、発想、コミュニケーションと対立するものではありません。むしろそれらをさらに拡張させるものであると思います。そして本書でおわかりの通り、PCひとつあれば、Kaggleなどのプラットフォームを通して、実際のデータで様々な手法を試しながらデータ分析を学べる環境があります。データ分析をはじめるハードルは下がってきており、誰でもやりはじめることができ、誰でも関係あるものだと思います。

　データ分析の学習をはじめてKaggleに参加していくと、はじめのうちはいろいろなことを試すたびにスコアが上がっていき、成長実感を得られると思います。しかし途中からモデルの改善が困難になり、上位陣との圧倒的な予測精度の差に絶望することになるかもしれません。自分と上級者の間に大きな壁があることに気づき、何をしたら上位に食い込めるのかわからず悩む日々が続くことでしょう。その中で、日々進化するデータサイエンスとデータサイエンティストの価値に気づくと思います。

　ただし、それでは、「やはりデータ分析はすべて専門家だけに任せたほうがよい」ということではありません。データ分析に触れた後では概念だけの理解に止まっていた時よりも、ずっとデータを見る粒度が変わり、データサイエンティストとの連携もイメージしやすくなり、彼らの価値を真に理解できるようになったのではないでしょうか。

「こういったこともデータで分析できないか」
「そのためにはこういうデータを取得しなければいけないのではないか」
「そのためには、サービス開始時点でこういうUXにするべきではないか」

と、データ基点のビジネスを想像しやすくなったかもしれません。もちろん、そのためには、本書にとどまらず学習を続けることが重要です。もし、「もっとデータ分析を続けていきたい」と思った方は、ぜひKaggleのチュートリアル以外のコンペにも積極的に参加し、上位を狙っていただければと思います。

　最後になりますが、本書の執筆にあたって、知り合いのKaggler、会社のデータ分析部門の同僚には、説明の工夫や具体的なTipsなど多くの助言をいただきました。また、翔泳社の編集者・宮腰隆之氏は、本書の執筆の機会を与えていただくとともに、構成や文章の手直しのアドバイスによって、多くの方にとって馴染みやすい本に仕上げていただきました。この場を借りてお礼申し上げます。

2020年9月吉日
篠田 裕之

参考文献・Webサイト

- 『はじめてのパターン認識』（平井有三［著］、森北出版株式会社、2012年）

- 『PythonではじめるKaggleスタートブック』（石原祥太郎、村田秀樹
  ［著］、株式会社講談社、2020年）

- 『Kaggleで勝つデータ分析の技術』（門脇大輔、阪田隆司、保坂桂佑、平
  松雄司［著］、株式会社技術評論社、2019年

- 『Python機械学習プログラミング 達人データサイエンティストによる理
  論と実践』（Sebastian Raschka［著］、株式会社クイープ［翻訳］、福島
  真太郎［監訳］、株式会社インプレス、2016年）

- 『Pythonによるスクレイピング＆機械学習 開発テクニック Beautiful
  Soup、scikit-learn、TensorFlowを使ってみよう』（クジラ飛行机［著］
  ソシム株式会社、2016年）

- 『機械学習のための特徴量エンジニアリング -その原理とPythonによる実
  践』（Alice Zheng、Amanda Casari［著］、株式会社ホクソエム［翻訳］、
  株式会社オライリー・ジャパン、2019年）

- 『データマイニング入門 Rで学ぶ最新データ解析』（豊田秀樹［著］、東京
  図書株式会社、2008年）

- 『完全独習 統計学入門』（小島寛之［著］、株式会社ダイヤモンド社、2006年）

- 『統計学入門』（東京大学教養学部統計学教室［著］、一般財団法人東京大
  学出版、1991年）

- 市場調査・マーケティングリサーチならインテージ > マーケティング用
  語集 > 主成分分析とは
  URL https://www.intage.co.jp/glossary/401/

篠田 裕之（しのだ・ひろゆき）

株式会社博報堂DYメディアパートナーズ所属。
データ分析をもとにした、メディア戦略立案、商品開発、コンテンツ制作を行う。
データ分析やデータビジュアライゼーションに関するセミナー登壇、執筆多数。

・ホームページ：mirandora.com
　　URL https://www.mirandora.com

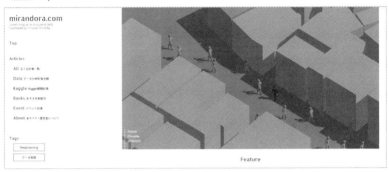

装丁・本文デザイン ···· 大下 賢一郎

装丁・本文イラスト ···· オフィスシバチャン

DTP ··················· 株式会社シンクス

校正協力 ················ 佐藤 弘文

Special Thanks ········ 村田 秀樹

Python で動かして学ぶ!
Kaggleデータ分析入門

2020年10月22日　初版第1刷発行

著　者 ·················· 篠田 裕之(しのだ・ひろゆき)

発行人 ················· 佐々木 幹夫

発行所 ················· 株式会社翔泳社(https://www.shoeisha.co.jp)

印刷・製本 ············ 株式会社ワコープラネット

ISBN978-4-7981-6523-3
Printed in Japan